高等学校数据科学与大数据技术专业系列教材

基因组大数据分析

主　编　袁细国

副主编　赵海勇　王绍强　陈念华

西安电子科技大学出版社

内 容 简 介

本书主要介绍基因组大数据分析与处理的相关技术。书中循序渐进地介绍了相关生物信息学软件的下载和安装方式，提供了真实数据和仿真数据的获取或生成方式；针对拷贝数变异、单位点变异、结构变异以及微生物物种鉴定等问题，全面介绍了相关处理过程及基本原理，并结合典型算法说明了数据处理的基本流程。

本书最大的特色在于提供了丰富的算法实例，每一个实例都是经过精心挑选的，具有很强的针对性，力求使读者尽可能快地掌握基因组大数据分析与处理的全过程。

本书适合作为计算机和大数据类相关专业高年级本科生与研究生的教材，对从事计算生物学研究的技术人员也有很好的参考价值。

图书在版编目(CIP)数据

基因组大数据分析 / 袁细国主编. —西安：西安电子科技大学出版社，2020.8(2021.7 重印)
ISBN 978-7-5606-5860-5

Ⅰ. ① 基…　Ⅱ. ① 袁…　Ⅲ. ① 基因组—数据处理—高等学校—教材
Ⅳ. ① Q343.2　② Q-3

中国版本图书馆 CIP 数据核字(2020)第 162377 号

策划编辑　高　樱　明政珠
责任编辑　武伟婵　雷鸿俊
出版发行　西安电子科技大学出版社(西安市太白南路 2 号)
电　　话　(029)88202421　88201467　　邮　　编　710071
网　　址　www.xduph.com　　电子邮箱　xdupfxb001@163.com
经　　销　新华书店
印刷单位　陕西天意印务有限责任公司
版　　次　2020 年 8 月第 1 版　2021 年 7 月第 2 次印刷
开　　本　787 毫米×960 毫米　1/16　　印　　张　8.5
字　　数　165 千字
印　　数　1001～2000 册
定　　价　24.00 元
ISBN 978-7-5606-5860-5 / Q
XDUP 6162001-2
如有印装问题可调换

前　言

随着21世纪互联网行业的高速发展，人们对生活质量有了更高的要求，基因测序技术也因此得到了快速发展。基因测序技术作为一种新型基因检测技术，结合并运用了大数据处理、生物信息学、机器学习、人工智能等多学科知识，目前已经逐渐走进人们的生活，它已经在遗传病预防与检测、新生儿产前检测、流行病防控等许多场合大放异彩。基因测序技术能够从血液或唾液中分析测定基因全序列，预测病人患多种疾病的可能性，及时对遗传病等进行准确预防。随着基因测序技术的逐渐成熟，越来越多的实用工具和软件被人们研发出来，这对基因变异检测的效率和准确率的提升起到了至关重要的作用。

本书第一章从基因测序技术的角度出发，介绍基因组测序技术的相关概念，全方位展示该领域国内外最新研究成果。第二章详细讲解常用测序软件，比如序列比对软件(Burrows-Wheeler-Alignment Tool，BWA)、生物信息比对工具(Samtools)、基因组分析工具包(Genome Analysis ToolKit，GATK)等。第三章到第六章针对最常见的基因变异类型讲解主流的检测方法，并提供具体的数据处理流程。

本书使用的实例基于 Ubuntu16.04 版本的开发环境开发，因此，读者若想使用本书中提到的方法，需要对 Linux 操作系统有一定的了解。此外，书中包含代码部分涉及 C/C++、Python、Java 等编程语言，需要读者对于编程语言有一定基础，学习时可参考 C++ Primer 入门、Java 编程、Python 编程等方面的书籍。

本书由几位多年从事生物信息大数据处理的老师及学者编写，王双、毛玉芳、田野、李苗等也参与了部分文字整理工作。

在本书编写的过程中作者参阅了部分国内外相关文献，在此对书中所引用资料的作者表示由衷的感谢。

由于作者水平有限，书中可能还存在一些纰漏之处，恳请读者和专家批评指正。联系邮箱：xiguoyuan@mail.xidian.edu.cn 或者 ccwangshaoqiang@163.com。

作 者

2020 年 5 月

目　录

第一章

基因组大数据概述

1.1　基因组大数据相关概念及发展历史简介

基因是带有遗传信息的 DNA 片段，决定其功能的是核苷酸不同的排列顺序。依据这一原理，DNA 利用 4 种碱基的不同排列方式对生物体所有遗传信息进行重新编码，并经过复制遗传给子代。

在 21 世纪，基因测序已经发展为一种新型基因检测技术，该技术从血液、唾液或组织细胞中分析测定基因全序列，从而预测病人患多种疾病的可能性，以便及时对遗传病等进行准确预防；同时，该技术也可为复杂疾病的精准诊疗提供科学依据。全基因组测序(Whole Genome Sequencing，WGS)目前默认指的是人类的全基因组测序。所谓“全”指的是把物种细胞里面完整的基因组序列从第一个 DNA 开始一直到最后一个 DNA 完完整整地检测出来并排列好，因此该技术几乎能够鉴定出基因组上任何类型的突变。对于我们来说，全基因组测序十分有价值，因为它的信息包含了所有基因和生命特征之间的内在关联性。

测序就是将 DNA 化学信号转换为计算机可处理的数字信号，DNA 测序技术即测定 DNA 序列的技术。在分子生物学研究中，DNA 的序列分析为进一步研究和改造目的基因奠定了基础。

人类基因组是由 A、T、G、C 这 4 种碱基组成的超长字符串，DNA 测序技术就是获得这种超长字符串的方法。1977 年，英国生物化学家弗雷德里克 · 桑格(Frederick Sanger)发明了世界上第一种 DNA 测序方法。2001 年，人类基因组图谱完成，耗资 4.37 亿美元，耗时 13 年。但到了 2007 年，第一张完整的人类基因组序列图仅以 150 万美元的价格就完成了，并且只用了 3 个月的时间。2009 年 1 月 2 日，加州太平洋生物科学的科学家乔纳斯 · 考拉赫(Jonas Kaurach)、史蒂文 · 特纳(Steven Turner)及其研究小组在科学期刊上发表了一篇论文，他们将纳米技术与芯片技术结合起来，发明了一种新的测序技术，其速度是当时现有技术的 30 000 倍。时至今日，第二代短读段测序技术在世界范围内仍具有绝对的垄断地位，然而，近年来第三代测序技术也得到了快速发展。测序技术的突破和进步极大地推动了基因组学研究、疾病医学研究、药物研发、育种等领域的发展。

DNA 测序技术的快速发展让我们不仅知晓了人类的全基因组序列，同时也掌握了小麦、水稻、家蚕以及很多细菌的序列，这对于深入研究这些物种的特性有着跨时代的意义。通过对人类基因组序列的分析，科学家们发现，30 亿对核苷酸组成的序列中只有 1.5%用于编码基因，另外还有少许扮演调控基因表达的角色，剩余的大部分核苷酸都是功能未知的 DNA。从表面上看，人与人之间的不同是如此纷繁复杂，但深入到 DNA 水平上，基因编码序列却只有 0.1%的不同。在一条序列上，人与人之间通常只有一个核苷酸的差异，如何定义生物的多样性和基因多样性之间的关系，正是基因测序的意义所在。

以前，从成千上万的人类基因中筛查与疾病相关的基因难度巨大，科学家需要从同一个家庭的多个患者那里获取标本，以找出基因的位置。例如，在寻找与亨廷顿氏病有关的基因时，许多科学家花了数十年才真正找到委内瑞拉亨廷顿氏家族的致病基因。而现在有了 DNA 快速测序技术，筛查易患疾病的人群，识别引起疾病或抑制疾病的基因以及药物设计和测试都可以实现。

位于深圳的华大基因研究院是全球最大的基因组测序及研究应用中心之一，它承担了人类基因组计划 1%的工作任务，之后又参与了国际 HAPmap 计划，并完成了第一个亚洲人也是第一个中国人的基因组测序。威康信托基金会是英国最大的生物医学资助机构之一，拥有 50 多个研究小组。在过去的几年里，威康信托基金会对双向障碍病、冠心病、克罗恩病、风湿性关节炎、高血压以及 I 型糖尿病和 II 型糖尿病等多基因疾病进行了筛查诊断。他们通过对 1.7 万名英国人的 DNA 测序结果进行筛查分析，在基因组中找到 24 处与上述 7 种疾病相关的位点，仅在 II 型糖尿病的筛查中就找到并证实了 10 个致病基因。

而基因单核苷酸多态性的大量存在证明了人类基因组图谱并非是单一不变的，每个人或者每个家族都应该有自己的基因组图谱。随着 DNA 测序速度的快速提升，家族或者个人的基因组图谱技术也将被引入。由于人与人之间大部分的 DNA 序列都是一致的，因此通过筛查单核苷酸多态性，找出个人基因组中的不同之处，尤其是找出一些与疾病相关的位点，有助于构建基因组图谱。

在生物信息学这一领域中，“23 and me”公司提供的产品荣获了 2008 年度《时代》杂志评选的“年度发明 50 佳”，并且位列第一。2007 年年底，“23 and me”正式推出了个性化的基因测试服务，标价 1000 美元，当时“股神”沃伦 · 巴菲特(Warren Buffett)及“传媒巨鳄”鲁伯特 · 默多克(Rupert Murdoch)都曾做过该基因测试。2008 年 9 月，测试服务的价格降至 399 美元，这个价格对于当时个人基因组检测已经十分平民化。顾客在该公司的网站上订购此服务后不久，便会收到一个试剂盒，顾客只需向试剂盒提供的一支无菌试管中吐 2.5 mL 的唾液，再密封好后快递至该公司即可。2～6 周后，顾客会收到一封邮件，根据邮件中的密码登录公司的网站，便可看到所有的结果，比如基因型详细内容的原始数据，还有一份分析结果的详细报告，最后还附有参考文献。通过这项服务，顾客可以了解到日后患肿瘤、阿尔茨海默病、糖尿病以及其他疾病的风险。

快速发展的 DNA 测序技术帮助科学家们不断地从 DNA 序列中挖掘信息，生物学家、遗传学家、药物学家、金融学家等也从中受益匪浅。未来，DNA 测序技术会走向全民化，进一步提高人们的生活质量。

1.2 基因组大数据介绍

大数据一词起源于互联网和 IT 行业，然而随着人类基因组测序计划的完成，基因组测序带动了生物行业的一次革命。高通量测序技术的快速发展，使得生命科学研究获得了强大的数据产出能力，包括基因组学、转录组学、蛋白质组学、代谢组学等生物学数据，这些数据具有体量大、多样化、价值高、增速快等特点，因此衍生出了基因组大数据这样的联合学科名词。

基因组大数据不但具有一般大数据的特点，而且还具有自身独有的特性，下面对这些特性进行详细解释。

(1) 数据体量大。人类基因组由 32 亿个碱基组成，如今，只需花费几百美元几个小时即可完成一个人的基因组解析，而全球共有 72 亿人口，倘若这些数据都被保存下来，则数据体量将是一个天文数字。随着大量的新物种得以测序解析，生物研究专家们真正进入了生物数据的海洋。

(2) 数据多样化。由于测序仪器种类繁多，比如常见的高通量测序仪器 CG 测序仪、Illumina HiSeq、Roche 454、Ion Torrent 等，因此产生的数据格式也各不相同。并且利用不同的生物信息分析软件或分析流程处理得到的结果也有所不同。

(3) 数据价值高。随着生物信息学的发展，越来越多有价值的信息从生物数据中被挖掘出来，其中不仅包括人类的基因数据，还有动物、植物、微生物等的基因数据，这些数据十分重要，其价值不但体现在生物科研领域，而且已应用于农业、健康和医学等领域。

(4) 数据增速快。数据增速主要体现在数据的量以及数据的多样化和价值的急剧增长上。

基因组大数据分析就是通过分子生物学、分子病理学、分子药理学的最新科技，建立人的基因序列变化与人体疾病表征数据库，再加上临床样本的收集、优化和调整，可以找到人的任何一种疾病的基因变化，对任何一种基因序列预测人体可能出现的疾病和能力变化。基因大数据分析，可以用于天赋基因解码、健康成长呵护基因解码、致病基因鉴定基因解码、用药指导基因解码和完美宝贝基因解码等方面。

基因组大数据是一种全新的资源，我们应当基于其特有的生物信息大数据特点，推进其在医疗健康、农业和食品等领域的快速应用，比如基因检测、优良农作物品种培育等。2018 年 11 月，中国科学院北京基因组研究所生命与健康大数据中心针对生命科学的一些重要研究领域，开发了系列特色专业数据库，为科研人员进一步破解生命奥秘提供了重要的数据支持。当前，生命科学研究和应用已进入大数据时代，生物大数据爆发使原来假说驱动的传统研究模式转变为大量数据与假说共同印证的系统研究模式。

1.3 测序技术的发展

测序技术起源于 DNA 双螺旋结构的发现，其发展已经经历了近 70 年。DNA 双螺旋结构于 1953 年由詹姆斯·杜威·沃森(James Dewey Watson)和弗朗西斯·哈利·康普顿·克里克(Francis Harry Compton Crick)首次发现，从而推动了分子生物学的研究与迅速发展。2001 年，人类首个基因组图谱绘制完成。与此同时，测序技术也取得了巨大发展，历经第一代测序技术和第二代测序技术，目前正处于第三代测序技术阶段，测序读长也随之不断变化。测序技术的每次更新与变革，都促使人们更加意识到该技术在基因组研究、疾病机理分析、药物研发、精准医疗、育种等领域中的作用与地位。图 1.1 所描述的是自沃森和克里克在 1953 年建立 DNA 双螺旋结构以来，整个测序技术的发展历程。

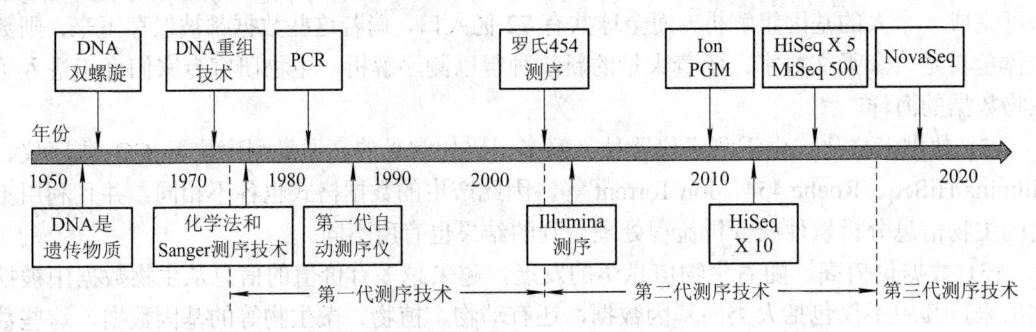

图 1.1　测序技术的发展历程

1.3.1 第一代测序技术

第一代DNA测序技术用的是1975年由桑格(Sanger)和考尔森(Coulson)开创的链终止法或者是 1976—1977 年由马克西姆(Maxam)和吉尔伯特(Gilbert)发明的化学法(链降解)。1977

年，桑格测定了第一个基因组序列——噬菌体 phiX-174，该基因组序列全长只有 5375 个碱基。自此之后，人类获得了窥探生命本质的能力，并以此为开端真正步入了基因组学时代。

基于 Sanger 测序技术，科学研究者们在实践中不断进行改进。人类首个基因组图谱就是基于改进的 Sanger 测序技术而测序的。在测序技术发展的早期阶段，除了 Sanger 测序技术，还出现了其他测序技术，如连接酶测序和焦磷酸法测序。其中，连接酶测序奠定了 ABI 公司 SOLiD 技术的测序基础，焦磷酸测序奠定了 Roche 公司 454 技术的基础。这两种技术都利用了 Sanger 测序可以中断 DNA 合成反应的 dNTP 这一思想。

第一代测序技术的特点如下：

(1) 平均测序长度大约为 250 个碱基，准确度较高；

(2) 可直接测未克隆的 DNA 片段，不需要酶催化反应；

(3) 适合测定含有 5-甲基腺嘌呤，G+C 含量较高的特殊 DNA 片段以及短链核苷酸的序列。

1.3.2　第二代测序技术

第一代测序技术的测序读段较长，可达 1000 个碱基对(base pairs, bp)，其准确度高达 99.9%以上。但第一代测序技术具有成本高、通量低、速度慢等缺点，这严重限制了其在大规模测序场景中的应用。经过研究者们对第一代测序技术的不断改进，第二代测序技术在本世纪初诞生了，代表性的有 Roche 公司的 454 技术、Illumina 公司的 Solexa/HiSeq 技术和 ABI 公司的 SOLiD 技术。针对测序成本，图 1.2 对第一代和第二代测序技术做了个简单的比较。从图中可以看出，第二代测序技术的成本出现了断崖式的下降。

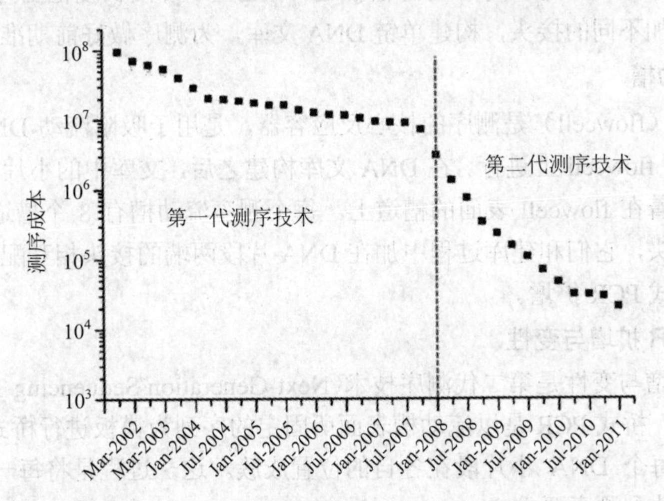

图 1.2　第一代和第二代测序技术测序成本的对比及变化

目前，Illumina 的测序仪占全球 75%以上的市场份额，以 HiSeq 系列为主。Illumina 的机器采用的都是边合成边测序的方法，如图 1.3 所示。该测序方法主要分为以下 4 个步骤。

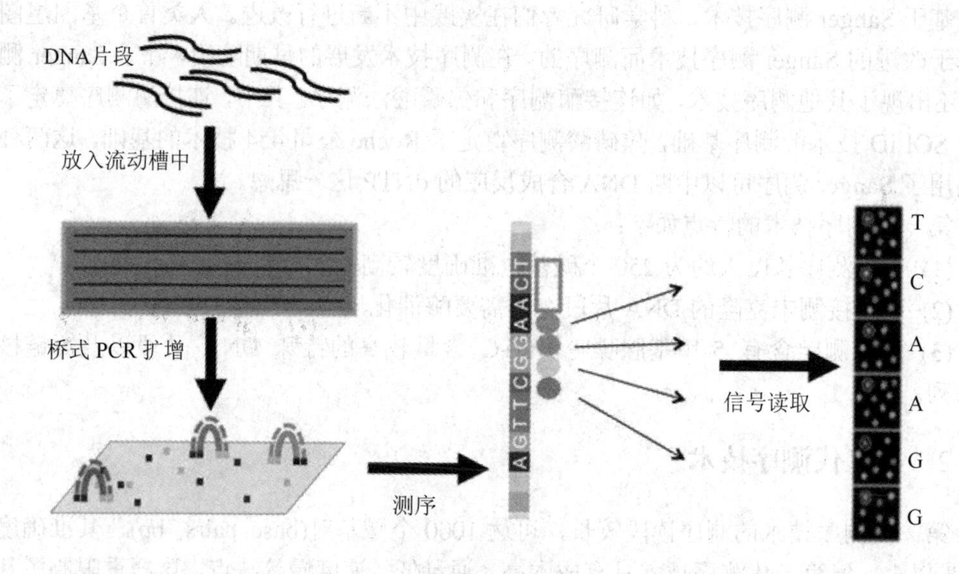

图 1.3　Illumina 测序原理

1．构建 DNA 测序文库

DNA 测序文库的构建是第二代测序技术进行测序的第一步，其目的是通过超声波将 DNA 分子打断成许多小片段。除了特殊需求之外，这些小片段长度范围为 300 bp～800 bp。对每一小片段添加不同的接头，构建单链 DNA 文库，为测序做好前期准备。

2．测序流动槽

测序流动槽（flowcell）是测序的核心反应容器，是用于吸附流动 DNA 片段的槽道，DNA 簇的生成在 flowcell 上进行。在 DNA 文库构建之后，文库中的小片段在通过 flowcell 的时候会随机附着在 flowcell 表面的槽道上。每个测序流动槽有 8 个槽道，每个槽道的表面都附有很多接头，它们和建库过程中加在 DNA 片段两端的接头相互配对，并支持 DNA 在其表面进行桥式 PCR 扩增。

3．桥式 PCR 扩增与变性

桥式PCR扩增与变性是第二代测序技术（Next-Generation Sequencing Technology, NGS）的一个重要特点。桥式 PCR 是以流动槽表面所固定的序列为模板进行桥式扩增和变性的。经过循环过程，每个 DNA 小片段在各自的位置成簇。这一过程是将每一碱基的信号强度进行放大，从而达到测序要求。

4．测序

第二代测序技术的思想是边合成边测序，即向反应体系中同时加入聚合酶、接头引物和 4 种带有碱基(A、C、G、T 碱基)特异荧光标记的 dNTP。值得注意的是，第二代测序技术每次只能添加一个 dNTP 和一个碱基，通过激光激发荧光信号并利用光学设备完成荧光信号的记录，最后，通过计算机技术将记录的光学信号转化为碱基。

Illumina 测序技术的这种每次添加一个 dNTP 的特点，能够较好地解决同聚物长度的准确测量问题，它的测序错误率在 1%左右，主要来源于碱基的替换。表 1-1 给出了不同测序仪的数据总产量、读段数、读段长度、测序时间周期等对比。

表 1-1　测序量比较

测序仪	一次测序的数据总产量/Gbp	读段数(Billion)	读段长度/bp	测序时间周期/天
HiSeq 2500	720～800	8.0	PE 100	5
HiSeq 4000	1500	10.0	PE 150	3.5
NovaSeq 5000	850～1000	2.8～3.3	PE 150	1.7
NovaSeq 6000	3000	10.0	PE 150	1.7

第二代测序技术的特点如下：

(1) 测序速度较第一代快，测序成本较第一代低，并且保持了高准确度，以前完成一个人类基因组的测序需要 3 年时间，而使用第二代测序技术仅仅需要 1 周；

(2) 测序读段较短，比第一代测序技术的读段要短很多，大多只有 100 bp～150 bp。

1.3.3　第三代测序技术

第三代测序技术是一个新的里程碑，以 PacBio 公司的 SMRT 和 Oxford Nanopore 公司的纳米孔单分子测序技术为标志。图 1.4 所示为 PacBio SMRT 技术的测序读长分布情况。SMRT 技术的平均读长达到 10 kbp～15 kbp，是第二代测序技术的 100 倍以上，值得注意的是，在测序过程中这些序列的读长并不相同。

1．PacBio SMRT

PacBio SMRT 技术同样基于边合成边测序的思想，该技术以 SMRT 芯片为测序载体，其测序过程无须进行 PCR 扩增。该技术的基本原理是：用 4 色荧光分别标记 4 种碱基(A、C、G、T)，在碱基配对阶段加入不同碱基，不同的碱基会使 DNA 聚合酶模板发出不同的光，然后根据光的波长和峰值判断碱基类型。

除了检测碱基之外，PacBio SMRT 技术还可根据相邻碱基的测序时间来判断碱基的甲基化修饰情况。其基本思想是：若某个碱基存在甲基化修饰，那么该碱基经过聚合酶时的速度会降低，使得相邻碱基两峰间的距离变大，由此提供了一个时间差异的信号来判断甲基化修饰情况。

与第一代和第二代测序技术相比，PacBio SMRT 技术的速度非常快，每秒能处理 10 个碱基。与此同时，高速的测序技术会引起一些明显的问题，即测序错误率比较高，为 10%～15%，缺失和错位错误居多。不过，该技术可通过多次迭代测序对测序错误进行有效更正。

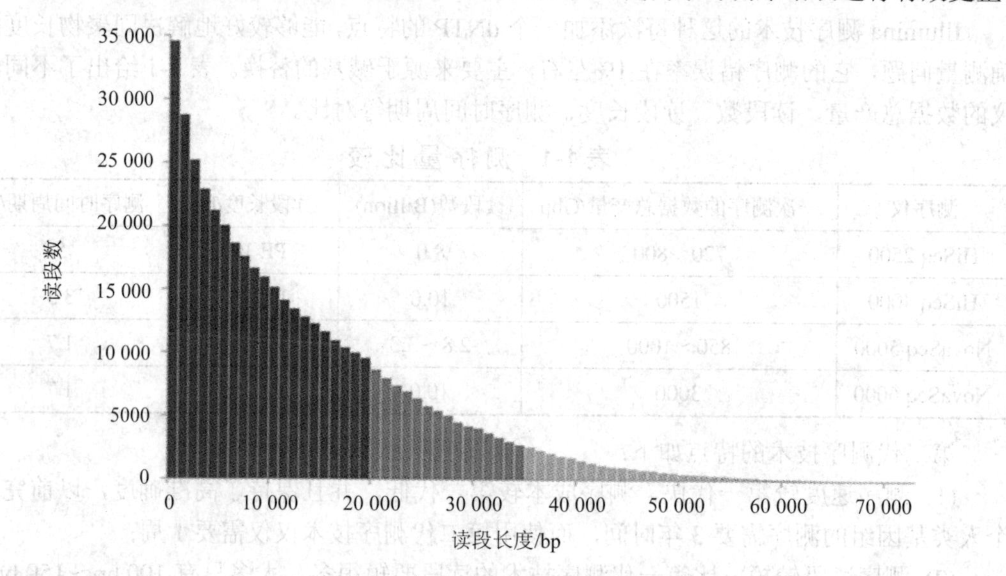

图 1.4　PacBio SMRT 测序读段长度分布

2. Oxford Nanopore

Oxford Nanopore 以 U 盘大小的测序仪 MinION 而赢得声誉，如图 1.5 所示。MinION 系统属于一次性设备。与其他基于光信号的测序技术不同，MinION 是基于电信号的测序技术。该技术的基本原理是：将一个纳米孔蛋白固定在电阻膜上，利用一个马达蛋白牵引 DNA 单链穿过纳米孔，通过判断核酸跨膜过程的电流变化从而实现测序过程。

图 1.5　Oxford Nanopore MinION

与第一代和第二代测序技术相比，MinION 技术测序读段较长，可高达几万甚至几十万碱基对，而最新数据显示可达到接近 1 Mbp。MinION 技术测序错误率为 5%～15%，由于错误是随机的，因此可通过多次迭代测序对测序错误进行纠正。表 1-2 对第三代测序技术公司 PacBio 和 Oxford Nanopore 的典型测序仪做了比较。

表 1-2　成本比较

	PacBio		Oxford Nanopore	
仪器型号	RS Ⅱ(P6-C4)	Sequel	MinION	PromethION
平均读段长度	10 kbp～15 kbp	10 kbp～15 kbp	读长可变(最长可达 900 kbp)	—
错误率	10%～15%	10%～15%	5%～15%	—
输出大小	500 Mbp～1 Gbp	5 Gbp～10 Gbp	＞5 Gbp	—
仪器价格	70 万美元	35 万美元	1000 美元	13.5 万美元
运行价格	＞400 美元	>850 美元	500～900 美元	—

第三代测序技术的特点如下：

(1) 与前两代相比，第三代测序技术是单分子测序；

(2) 测序过程无须进行 PCR 扩增；

(3) 具有超长读段，平均可达到 10 kbp～15 kbp，测序过程中这些序列的读段长度是不相等的。

1.4　基因数据格式

FASTA 和 FASTQ 是存储核苷酸序列信息(即 DNA 序列)或者蛋白质序列信息最常使用的两种文本文件，它们都是纯文本文件。

1.4.1　FASTA

FASTA 中的 A 是指 Alignment(比对)，FASTA 最初由威廉 · R. 皮尔森(William. R. Pearson)和大卫 · J. 利普曼(David. J. Lipman)在 1988 年编写，目的是用于生物序列数据的处理，包括常用的参考基因组序列、蛋白质序列、编码 DNA 序列(Coding DNA Sequence，CDS)、转录本序列等文件，文件后缀除了用 .fasta 之外，也常用 .fa 或者 .fa.gz(.gz 表示压缩)。

FASTA文件是通用的序列存储格式，通常由两个部分组成，即序列头信息和具体的序列数据。序列头信息独占一行，以大于号开头作为识别标记，记录了该条序列的名字，有时还会接上其他的说明性信息。紧接的下一行是具体的序列内容，直到碰到另一个大于号开头的新序列或者文件末尾。以下是一个FASTA文件的例子。

```
1. >ENSMUSG00000020122|ENSMUST00000138518
2. CCCTCCTATCATGCTGTCAGTGTATCTCTAAATAGCACTCTCAACCCCCGTGAACTTGGT
3. TATTAAAAACATGCCCAAAGTCTGGGAGCCAGGGCTGCAGGGAAATACCACAGCCTCAGT
4. TCATCAAAACAGTTCATTGCCCAAAATGTTCTCAGCTGCAGCTTTCATGAGGTAACTCCA
5. GGGCCCACCTGTTCTCTGGT
6. >ENSMUSG00000020122|ENSMUST00000125984
7. GAGTCAGGTTGAAGCTGCCCTGAACACTACAGAGAAGAGAGGCCTTGGTGTCCTGTTGTC
8. TCCAGAACCCCAATATGTCTTGTGAAGGGCACACAACCCCTCAAAGGGGTGTCACTTCTT
9.  CTGATCACTTTTGTTACTGTTTACTAACTGATCCTATGAATCACTGTGTCTTCTCAGAGG
10. CCGTGAACCACGTCTGCAAT
```

FASTA文件有以下两大特点：

(1) 除了序列内容之外，FASTA的序列头信息并没有被严格地限制，该特点有时会带来很多问题，比如相同的序列被不同的人处理之后，在不同的网站或数据库中，其序列头信息不尽相同，比如以下的几种情况都是可能存在的。

```
1. >ENSMUSG00000020122|ENSMUST00000125984
2. >ENSMUSG00000020122|ENSMUST00000125984
3. >ENSMUSG00000020122|ENSMUST00000125984|epidermal growth factor receptor
4. >ENSMUSG00000020122|ENSMUST00000125984|Egfr
5. >ENSMUSG00000020122|ENSMUST00000125984|11|ENSFM00410000138465
```

从程序处理角度来看，凌乱的数据格式会带来复杂的处理过程，因此在业内逐渐形成了一些不成文的规则，即用一个空格将序列头信息分为两个部分：第一部分是序列名字，它和大于号紧接在一起；第二部分是注释信息。是否添加注释信息要根据具体情况而定，比如下面这个序列例子，“gene_00284728”为序列的名字，注释信息(length=231; type=dna)给出了这段序列的长度和它所属的序列类型(即DNA)。

```
1. >gene_00284728 length=231;type=dna
2. GAGAACTGATTCTGTTACCGCAGGGCATTCGGATGTGCTAAGGTAGTAATCCATTATAAGTAACATG
```

```
3. CGCGGAATATCCGGGAGGTCATAGTCGTAATGCATAATTATTCCCTCCCTCAGAAGGACTCCCTTGC
4. GAGACGCCAATACCAAAGACTTTCGTAAGCTGGAACGATTGGACGGCCCAACCGGGGGAGTCGGCT
5. ATACGTCTGATTGCTACGCCTGGACTTCTCTT
```

这种数据格式虽然称不上真正标准的格式，但却非常有助于数据分析和处理，目前有很多生物信息分析软件(如 BWA、Samtools 及 bcftools)都是将第一个空格前面的内容视为序列名字而进行操作的。

(2) FASTA 是文本文件，它里面可能会存在重复内容，但该文件却无法进行自检，因此在使用之前会进行一个例行检查，只需检查序列名字是否有重复。值得注意的是，对于已经制定为标准的参考序列，往往不会出现重复内容，直接使用即可。但对于一些之前未使用过的序列，为谨慎起见，需要进行必要的检查。

1.4.2　FASTQ

FASTQ 存储的是产生自测序仪的原始测序数据，它由测序的图像数据转换过来，也是文本文件，文件大小会因测序量(或测序深度)的不同有很大差异，小的可能只有几兆字节，大的则常常有几十或上百吉字节，文件后缀通常都是 .fastq、.fq 或者 .fq.gz，以下是它的一个例子：

```
1. @DJB775P1:248:D0MDGACXX:7:1202:12362:49613
2. TGCTTACTCTGCGTTGATACCACTGCTTAGATCGGAAGAGCACACGTCTGAA
3. +
4. JJJJJIIJJJJJJHIHHHGHFFFFFFCEEEEEDBD?DDDDDDBDDDABDDCA
5. @DJB775P1:248:D0MDGACXX:7:1202:12782:49716
6. CTCTGCGTTGATACCACTGCTTACTCTGCGTTGATACCACTGCTTAGATCGG
7. +
8. IIIIIIIIIIIIIIIHHHHHHFFFFFFEECCCCBCECCCCCCCCCCCCCCCC
```

FASTQ 文件是存储测序读段（read）的文件格式，每 4 行为一个独立的单元，即一条测序读段。这 4 行的具体格式和含义描述如下。

第一行：以“@”开头，紧接的字符串是这条读段的名字，该名字是根据测序时的状态信息进行转换的，中间没有空格，该字符串是每一条读段的唯一标识符。该标识符在同一份 FASTQ 文件甚至不同的 FASTQ 文件中不会重复出现。

第二行：测序读段的序列内容，由A、C、G、T和N 5种字母构成，即DNA碱基序列，其中，N代表测序时无法被识别的碱基。

第三行：以“+”开头，在旧版的FASTQ文件中直接重复第一行的信息，但考虑到节省存储空间，新版中除了“+”，一般不加其他内容。

第四行：测序读段的质量值，与第二行的碱基一一对应且信息同样重要，它描述的是每个测序碱基的可靠程度，通常用ASCII码表示。质量值是测序错误率的对数(10为底数)乘以-10(并取整)。ASCII码虽然能够从小到大表示0～127的整数，但是并非所有的ASCII码都是可见的字符，最简单的做法就是给其加上一个固定的整数，把加33的质量值体系称为Phred33，加64的称为Phred64。

测序读段的质量值，顾名思义，就是能够用来定量描述碱基好坏程度的一个数值。如果测序测得准确，则这个碱基的质量值越高；反之，测得越不准确，质量值就越低。也就是说，可以利用碱基被测错的概率来描述它的质量值，错误率越低，质量值就越高。

本章习题

1. 基因测序技术到目前为止已经发展到了第三代(如图1.1所示)，但是第一代和第二代测序技术除了通量和成本上的差异之外，测序的核心原理都来自边合成边测序的思想。第二代测序技术的优点是通量大大提升，成本大大减低，使得价格亲民，真正对大众有意义；其缺点是所引入的PCR过程会在一定程度上增加测序错误率，并且具有系统偏向性，同时读长也比较短。第三代测序技术是为了解决第二代所存在的缺点而开发的，它的根本特点是单分子测序，不需要任何PCR过程，这是为了能有效避免因PCR偏向性而导致的系统错误，同时提高读长。那么第二代和第三代测序技术哪个应用更广泛？第三代测序技术的缺点是什么？

2. 基于高通量测序的基因组技术近几年在国内外均得到了飞速发展，并成为精准医学和智慧健康的核心内容。随着基因测序的价格越来越低，越来越多的基因数据积累起来，只有及时获取、结构化整合、快速分析这些数据，并且有效整合临床医疗与卫生健康数据，才能开展精准的疾病分类及诊断，实现个性化的疾病防治和健康管理的全新模式。你是如何理解基因组高通量大数据的？深入研究基因大数据的意义是什么？

3. FASTA和FASTQ格式是生物信息学中至关重要的数据存储格式，图1.6是来源于NCBI中的一个FASTA格式数据，试说明每一行的意义。

```
[html]
1. >gi|187608668|ref|NM_001043364.2| Bombyx mori moricin (Mor), mRNA
2.
3. AAACCGCGCAGTTATTTAAAATATGAATATTTTAAAACTTTTCTTTGTTTTTA
4.
5. TTGTGGCAATGTCTCTGGTGTCATGTAGTACAGCCGCTCCAGCAAAAATACCT
6.
7. ATCAAGGCCATTAAGACTGTAGGAAAGGCAGTCGGTAAAGGTCTAAGAGCCAT
8.
9. CAATATCGCCAGTACAGCCAACGATGTTTTCAATTTCTTGAAACCGAAGAAAA
10.
11. GAAAGCATTAAGAAAAGAAATTGAGTGAATGGTATTAGATATATTACTAAAGG
12.
13. ATCGATCACAATGATATATAGATAGGTCATAGATGTCAACGTGAATTTATGGA
14.
15. TTTTTGTTTTCCCCTTTGTAGTACTTACTTATAGTCAGTTCTTAAATTGATTG
16.
17. CAACGACAACTGTGTACTATTTTTTATATTTGGTTCGAAAAGTTGCATTATTA
18.
19. ACGATTTTAGAAAATAAAACTACTTTACTTTTACACG
```

图 1.6　NCBI 的 FASTA 格式数据

4．详细介绍第二代测序技术的测序步骤。

第二章 生物信息数据的处理

2.1 真实数据与仿真数据

2.1.1 人类基因组参考序列

人类基因组，又称人类基因体，是指人的基因组，由 23 对染色体组成，其中包括 22 对常染色体和 1 对性染色体。人类基因组含有约 31.6 亿个 DNA 碱基对，DNA 碱基对是以氢键相结合的两个含氮碱基。胸腺嘧啶(T)、腺嘌呤(A)、胞嘧啶(C)和鸟嘌呤(G) 4 种碱基排列成碱基序列，其中 A 与 T 之间由两个氢键连接，G 与 C 之间由 3 个氢键连接，碱基对的排列在 DNA 中也只能是 A 对 T，G 对 C。

人类基因组计划(Human Genome Project, HGP)是由美国科学家于 1985 年率先提出，于 1990 年正式启动。美国、英国、法国、德国、日本和中国科学家共同参与了这一价值达 30 亿美元的人类基因组计划。该计划旨在测定组成人类染色体(单倍体)中所包含的 30 亿个碱基对组成的核甘苷酸序列。

2000 年 6 月 26 日，人类基因组草图的绘制工作完成。最终完成图要求测序所用的克隆能真实地代表常染色体的基因组结构，序列错误率低于万分之一。95%的常染色质区域被测序，每个间隔小于 150 kb。

人类的基因组参考序列(hg38)可以从 UCSC 和 NCBI 网站下载，解压后的文件大约为 3 GB，以 FASTA 的数据形式保存。

(1) UCSC 下载地址：

http://hgdownload.soe.ucsc.edu/goldenPath/hg38/bigZips/hg38.fa.gz

(2) NCBI 下载地址：

https://ftp.ncbi.nih.gov/genomes/all/GCA/000/001/405/GCA_000001405.28_GRCh38.p13/

选择“GCA_000001405.28_GRCh38.p13_genomic.fna.gz”，如图 2.1 所示。

Index of /genomes/all/GCA/000/001/405/GCA_000001405.28_GRCh38.p13

Name	Last modified	Size
Parent Directory		-
GCA_000001405.28_GRCh38.p13_assembly_structure/	2019-03-15 15:54	-
GRCh38_major_release_seqs_for_alignment_pipelines/	2019-03-12 16:35	-
GCA_000001405.28_GRCh38.p13_assembly_regions.txt	2020-04-14 15:49	39K
GCA_000001405.28_GRCh38.p13_assembly_report.txt	2020-04-14 15:49	71K
GCA_000001405.28_GRCh38.p13_assembly_stats.txt	2020-04-14 15:49	79K
GCA_000001405.28_GRCh38.p13_cds_from_genomic.fna.gz	2019-03-15 15:53	4.4K
GCA_000001405.28_GRCh38.p13_feature_count.txt.gz	2019-03-15 15:53	223
GCA_000001405.28_GRCh38.p13_feature_table.txt.gz	2019-03-15 15:53	1.4K
GCA_000001405.28_GRCh38.p13_genomic.fna.gz	2019-03-19 15:53	920M
GCA_000001405.28_GRCh38.p13_genomic.gbff.gz	2020-04-14 15:50	1.2G
GCA_000001405.28_GRCh38.p13_genomic.gff.gz	2020-04-14 15:50	60K
GCA_000001405.28_GRCh38.p13_genomic.gtf.gz	2019-03-15 15:53	2.6K
GCA_000001405.28_GRCh38.p13_genomic_gaps.txt.gz	2020-04-14 15:50	11K
GCA_000001405.28_GRCh38.p13_protein.faa.gz	2019-03-15 15:53	2.5K
GCA_000001405.28_GRCh38.p13_protein.gpff.gz	2019-03-15 15:53	8.9K
GCA_000001405.28_GRCh38.p13_rm.out.gz	2020-04-14 15:50	181M
GCA_000001405.28_GRCh38.p13_rm.run	2019-03-15 15:53	925
GCA_000001405.28_GRCh38.p13_rna_from_genomic.fna.gz	2019-03-15 15:53	2.2K
GCA_000001405.28_GRCh38.p13_translated_cds.faa.gz	2019-03-15 15:53	3.0K
README.txt	2019-11-01 14:35	43K
README_patch_release.txt	2019-03-15 15:53	1.4K
annotation_hashes.txt	2020-04-14 15:50	411
md5checksums.txt	2020-04-14 15:51	176K

图 2.1　人类的基因组参考序列 hg38

同时，也可以通过网址(https://genome.ucsc.edu/cgi-bin/hgTracks?db=hg38&lastVirtModeType=default&lastVirtModeExtraState=&virtModeType=default&virtMode=0&nonVirtPosition=&position=chr1%3A11102837-11267747&hgsid=823401195_XN0OQeL4uT04wjW0h2Huom8CjnwD)查看所有染色体的组装与注释情况，如图 2.2 所示。图中 UCSC Genome Browser on Human 指的是人类基因组的浏览器。

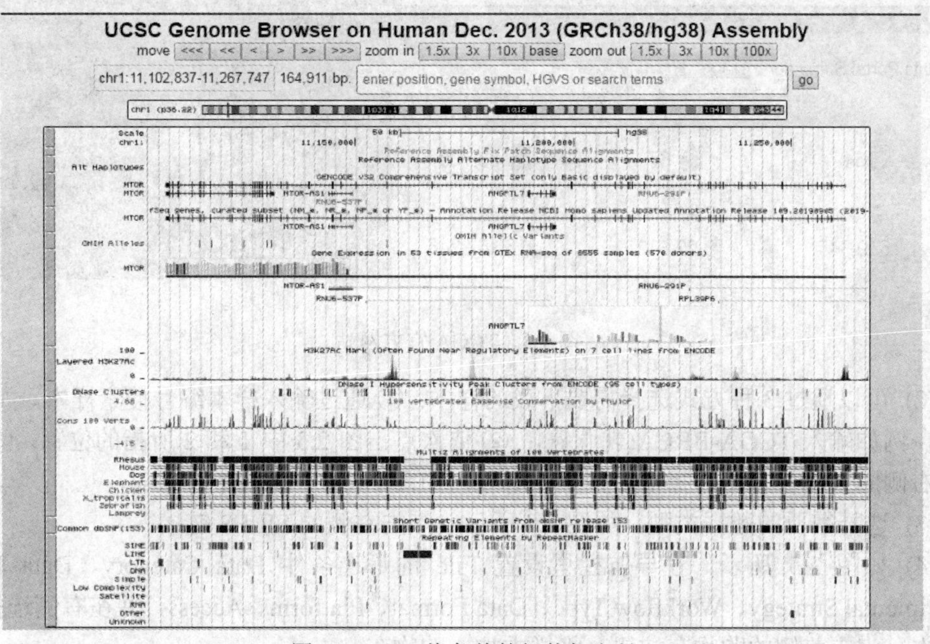

图 2.2　hg38 染色体的组装与注释

2.1.2 真实数据的获取

1. TCGA 数据库介绍

TCGA(The Cancer Genome Atlas，癌症基因组图谱)是由 National Cancer Institute(美国国家癌症研究所，NCI)和 National Human Genome Research Institute(美国国家人类基因组研究所，NHGRI)于 2006 年联合启动的项目，收录了各种人类癌症(包括亚型在内的肿瘤)的临床数据、基因组变异、mRNA 表达、miRNA 表达、甲基化等数据，是癌症研究者重要的数据来源。

下载数据的方法如下：

(1) 进入 TCGA 官方网站(https://portal.gdc.cancer.gov/)，如图 2.3 所示。

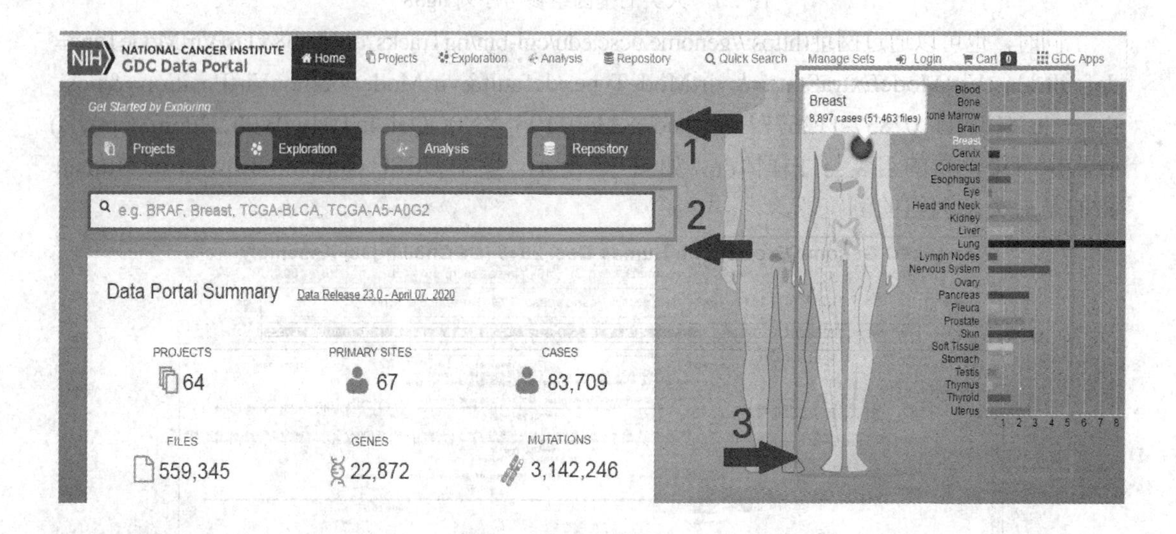

图 2.3　TCGA 官方网站

(2) 可以通过 3 种方式选择需要下载的样本：① 通过输入样本编号搜索样本，如图 2.3 所示，例如输入 TCGA-BRCA(乳腺癌)；② 依次点击图 2.3 中 1 和 2 所指的位置；③ 通过点击右侧的人体器官图选择需要搜索的对象，如图 2.3 中 3 所指的位置。

(3) 选择需要的数据类型，如图 2.4 所示，点击右侧的 FILES 链接。

(4) 如图 2.5 所示，在导航栏里设置 File 的筛选条件 Data Category、Data Type、Experimental Strategy、Workflow Type、Data Format、Platform、Access，并在右侧选择需要的样本，点击前侧的购物车按钮，将样本加入购物车。

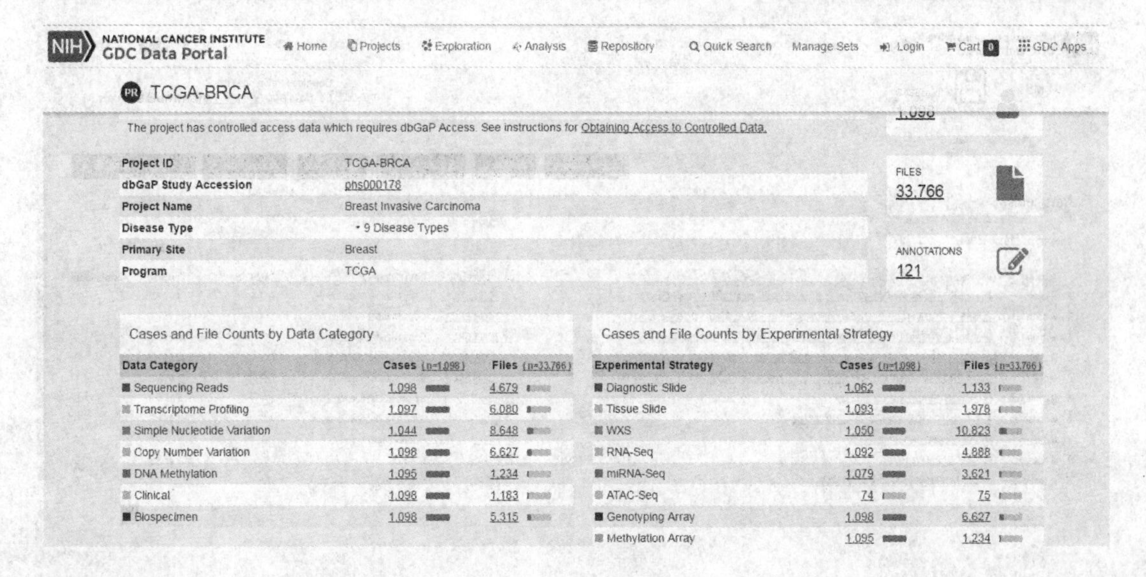

图 2.4　数据类型选择

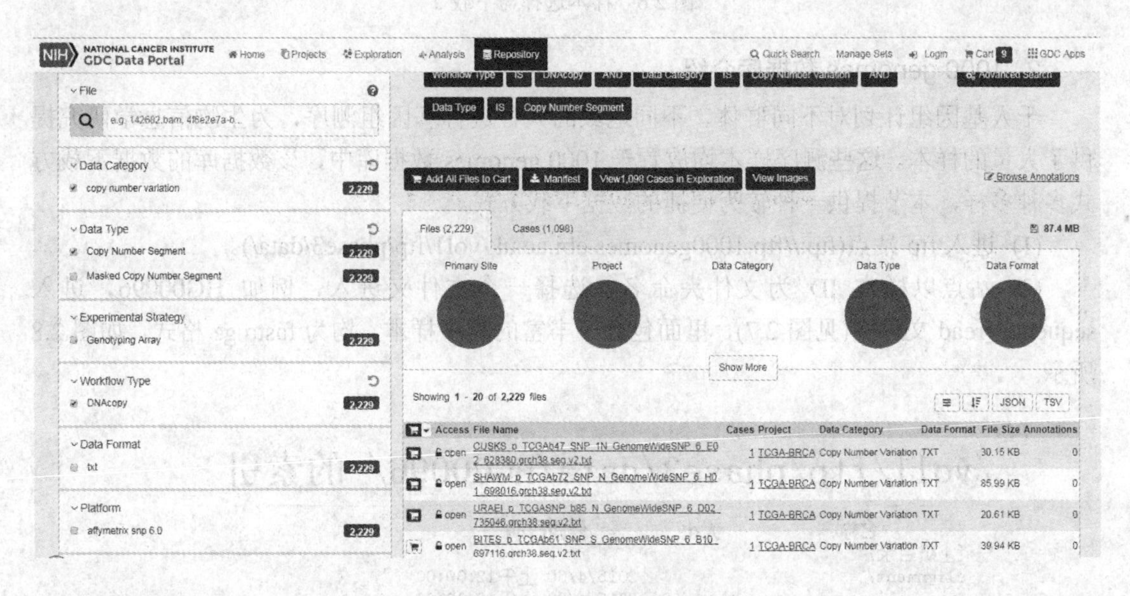

图 2.5　样本选择与下载 1

(5) 选择页面上方导航栏中的购物车按钮，出现图 2.6 所示页面，选择 Cart 下载。目标数据分为 controlled 和 open 两种，controlled 数据需要申请账号才可以下载，open 数据可直接下载。

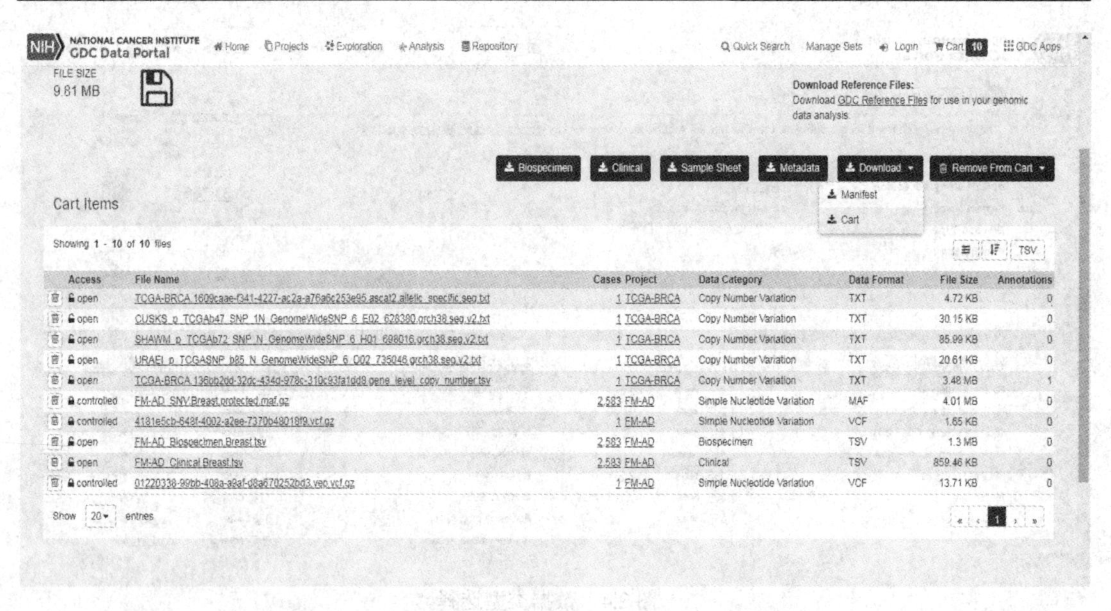

图 2.6　样本选择与下载 2

2. 1000 genomes 数据库介绍

千人基因组计划对不同群体、不同地域的人种进行基因组测序，为生物信息学研究提供了大量的样本。这些测序样本均放置于 1000 genomes 数据库中，该数据库的数据下载方式多种多样，本节提供一种较为便捷的数据下载方式。

(1) 进入 ftp 站点(ftp://ftp.1000genomes.ebi.ac.uk/vol1/ftp/phase3/data/)。

(2) 站点以样本 ID 为文件夹命名，选择一个文件夹进入，例如 HG00096，进入 sequence_read 文件夹(见图 2.7)，里面包含了丰富的测序样本，均为 fastq.gz 格式，如图 2.8 所示。

/vol1/ftp/phase3/data/HG00096/ 的索引

名称	大小	修改日期
[上级目录]		
alignment/		2015/4/30 上午12:00:00
exome_alignment/		2015/4/30 上午12:00:00
high_coverage_alignment/		2015/4/30 上午12:00:00
sequence_read/		2015/4/30 上午12:00:00

图 2.7　1000 genome 数据列表 1

名称	大小	修改日期
[上级目录]		
SRR062634.filt.fastq.gz	24.1 MB	2015/5/5 上午12:00:00
SRR062634_1.filt.fastq.gz	1.8 GB	2015/5/1 上午12:00:00
SRR062634_2.filt.fastq.gz	1.8 GB	2015/5/1 上午12:00:00
SRR062635.filt.fastq.gz	9.6 MB	2015/5/1 上午12:00:00
SRR062635_1.filt.fastq.gz	1.8 GB	2015/5/4 上午12:00:00
SRR062635_2.filt.fastq.gz	1.8 GB	2015/4/30 上午12:00:00
SRR062641.filt.fastq.gz	8.9 MB	2015/4/30 上午12:00:00
SRR062641_1.filt.fastq.gz	1.9 GB	2015/5/5 上午12:00:00
SRR062641_2.filt.fastq.gz	1.8 GB	2015/5/4 上午12:00:00
SRR077487.filt.fastq.gz	14.0 MB	2015/5/4 上午12:00:00
SRR077487_1.filt.fastq.gz	1.8 GB	2015/4/30 上午12:00:00
SRR077487_2.filt.fastq.gz	1.9 GB	2015/5/4 上午12:00:00
SRR081241.filt.fastq.gz	13.6 MB	2015/5/4 上午12:00:00
SRR081241_1.filt.fastq.gz	1.8 GB	2015/5/1 上午12:00:00
SRR081241_2.filt.fastq.gz	1.9 GB	2015/5/1 上午12:00:00

图 2.8 1000 genome 数据列表 2

(3) 选择一个样本下载。可以登录 NCBI 官方网站(https://www.ncbi.nlm.nih.gov/)，输入该样本的序列号查看样本的说明，如图 2.9 所示。

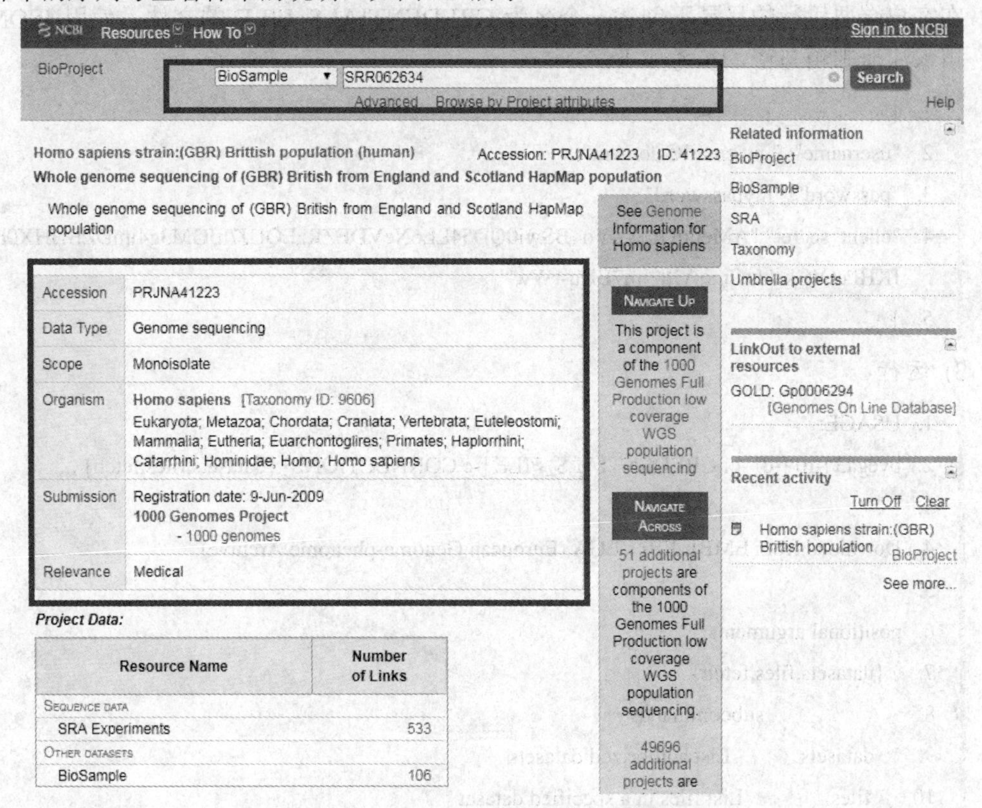

图 2.9 1000 genome 样本下载

3. EGA数据库介绍

EGA(the European Genome-phenome Archive)数据库收集了各种患者的临床测序数据，这些经过个人许可协议授权的数据仅用于特定的研究用途，并只供具有真实信息的研究人员使用。所以，为了维护患者的隐私，EGA设置了对数据库的控制访问，如果要下载这些数据，就必须在官网申请账号。EGA官方网站为 https://www.ebi.ac.uk/ega。申请账号的注意事项可以参考网址：https://www.ebi.ac.uk/ega/about/access。

从EGA下载数据的操作流程及命令：

1) 安装客户端

```
1. sudo pip3 install pyega3
2. conda config --add channels bioconda
3. conda install pyega3
```

2) 配置

在客户端要运行的目录下创建一个名为CREDENTIALS_FILE的文件，使用JSON格式，填入注册邮箱与密，参考如下：

```
1. {
2. "username": "my.email@domain",
3. "password": "mypassword",
4. "client_secret":"AMenuDLjVdVo4BSwi0QD54LL6NeVDEZRzEQUJ7hJOM3g4imDZBHHX0hN
   fKHPeQIGkskhtCmqAJtt_jm7EKq-rWw"
5. }
```

3) 运行

```
1. USAGE:
2. pyega3 [-h] [-d] -cf CREDENTIALS_FILE [-c CONNECTIONS] {datasets,files,fetch} ...
3.
4. Download from EMBL EBI's EGA (European Genome-phenome Archive)
5.
6. positional arguments:
7.   {datasets,files,fetch}
8.                     subcommands
9.     datasets        List authorized datasets
10.    files           List files in a specified dataset
11.    fetch           Fetch a dataset or file
```

```
12.
13. optional arguments:
14.   -h, --help          `show this help message and exit
15.   -d, --debug          `Extra debugging messages
16.   -cf CREDENTIALS_FILE, --credentials-file CREDENTIALS_FILE
17.                       `JSON file containing credentials
18.                       `e.g.{'username':'user1','password':'toor'}
19.   -c CONNECTIONS, --connections CONNECTIONS
20.                       `Download using specified number of connections
```

4) 其他操作

```
1.  显示数据集
2.  pyega3 -cf CREDENTIALS_FILE datasets
3.  显示数据集文件
4.  pyega3 -cf CREDENTIALS_FILE files EGAD00001000951 <output>
5.  下载数据集文件
6.  pyega3 -cf CREDENTIALS_FILE fetch EGAD00001000951 <output>
7.  下载单个文件
8.  pyega3 -cf CREDENTIALS_FILE fetch EGAF00000585895 <output>
9.  使用 4 个文本流下载文件或数据集
10. pyega3 -c 4 -cf CREDENTIALS_FILE fetch EGAF00001412793 <output>
```

2.1.3 仿真数据

这里以拷贝数变异(Copy Number Variation，CNV)为例，介绍其仿真。测序数据的仿真对于数据本身的研究及数据分析算法性能的评估十分重要，主要仿真方法有 IntSIM、SVSR、SInC 等。数据产生过程如下：

(1) 初始样本矩阵。产生 100 × 2000 的矩阵，所有值均设置为 2，该矩阵表示有 100 个基因组样本，每个样本含 2000 个位点，每个位点的拷贝数都为 2 (注：人是二倍体)。

(2) 插入 CNV 区域。可以按照自己的设计在多样本中插入一定比例的 CNV。本节演示了加入 3 组 CNV 区域，即 100～149、500～529、900～919 的情况，它们在多样本中所占的比例，即在多样本中的发生频率，分别为 0.10、0.15、0.18。

(3) 加入噪声。测序过程中会产生噪声，受这些噪声的影响，原本正常的拷贝数值可能会增大或降低。本书演示加入了随机噪声(值为 3 或 4)和高斯噪声(强度为 0.1～0.2)的情况。

这里使用的仿真设计代码可通过网站 https://pan.baidu.com/s/13LIhh-x2s1EKyv5URnpG6A 下载(提取码：avqu)。

对于特定的研究领域，后续章节会给出更加具体的仿真设计方案，这里的仿真仅适用于 CNV 检测的入门。

2.2 处理测序数据的基本工具

2.2.1 FastQC

在获得原始数据之后，做数据分析之前，很重要的一步就是对数据进行评估。数据质量的好坏直接影响数据分析的结果。通过对原始数据的评估检查，可以了解测序数据的基本情况，以便在后期采取适当的处理。比如：

① 评估每个样本的数据质量，设置阈值，舍弃测序质量差的个体，从而进一步提升计算准确度；

② 判断样本是否混有其他外源基因，如果有被污染的迹象，则需要向实验人员反馈，并将可疑样本单独列出来，通过后续的计算进行验证；

③ 检查是否有接头序列，并验证目的基因的纯度，保证比对质量；

④ 检查重复序列的比例，确保重复序列比例低于阈值。

了解这些信息以后，我们才能更好地决定后续的质控策略。那么如何对原始数据评估其测序质量呢？此时，可以使用一款简单且实用的工具——FastQC。

1．安装简介

FastQC 的官网网站为 https://www.bioinformatics.babraham.ac.uk/projects/fastqc/，其官网界面如图 2.10 所示。

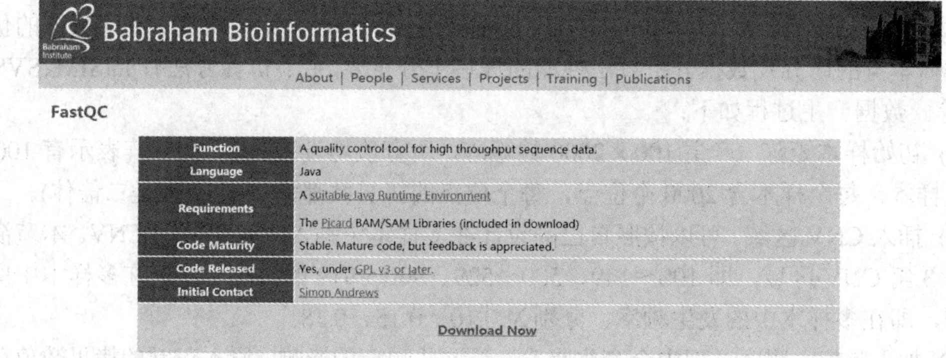

图 2.10　FastQC 官网界面

FastQC 是一款基于 Java 的软件，且支持多个系统平台(Windows、Linux 以及 MacOS)。在使用该软件之前，需要确保电脑安装了 Java Runtime Environment(JRE)，并且还需要安装 Picard bam/sam 库。下面详细介绍 FastQC 在 Linux 系统中的安装。

(1) 安装方法 1：使用 wget/axel 命令下载安装包，使用 unzip 命令解压安装包，使用 chmod u+x 命令修改安装包文件的权限为可执行权限。

```
1. wget https://www.bioinformatics.babraham.ac.uk/projects/fastqc/fastqc_v0.11.9.zip
2. unzip fastqc_v0.11.9.zip
3. cd FastQC/
4. chmod 755 fastqc
```

(2) 安装方法 2：使用 conda 命令直接安装，在使用该命令前需要先安装 Bioconda。

```
1. conda install -c bioconda fastqc=0.11.9
```

2. 使用说明

FastQC 支持 FASTQ、gzip 压缩的 FASTQ、sam、bam 等格式。在不指定文件类型的情况下，FastQC 会根据文件的名字来推测文件的类型，如以 .sam 或者 .bam 结尾的文件会被当做 sam 或者 bam 文件来打开，并统计配对和未配对读段在内的所有读段；其他的文件类型则被当做 FASTQ 格式打开。其使用语法为：

```
1. fastqc [-o output dir] [--(no)extract] [-f fastq|bam|sam] [-c contaminant file] [-t threads] seqfile1 ..
   seqfileN
```

① -o 用来指定输出文件的目录，需要注意的是，FastQC 不会自动创建新目录，故指定的目录必须存在；

② FastQC 输出结果为 .zip 文件，默认参数为“--extract”(自动解压缩)，执行时若为“--noextract”则不解压缩；

③ -f 用来指定输入文件的格式，如果不指定则自动检测；

④ -c 用来指定一个文件，该文件里面存放可能存在的污染序列，FastQC 会在这个文件里面搜索读段中超量出现的重复序列；

⑤ -t 用来指定同时处理的文件个数；

⑥ seqfile1 等是需要处理的文件名称；

⑦ 详细信息请见 fastqc -h 或者 fastqc --help。

3. 结果分析

FastQC 的输出结果包含一个 html 文件和一个 .zip 格式的压缩包。可以将 .zip 压缩包解压，然后在对应的目录下找到 QC 图表和总结数据。

结果报告共包含 11 项指标，官网对每部分含义都有详细的介绍(http://www.bioinformatics.babraham.ac.uk/projects/fastqc/Help/)。此处选用官网的 Small RNA with read-through adapter 进行说明，该数据集的分析报告首页如图 2.11 所示。

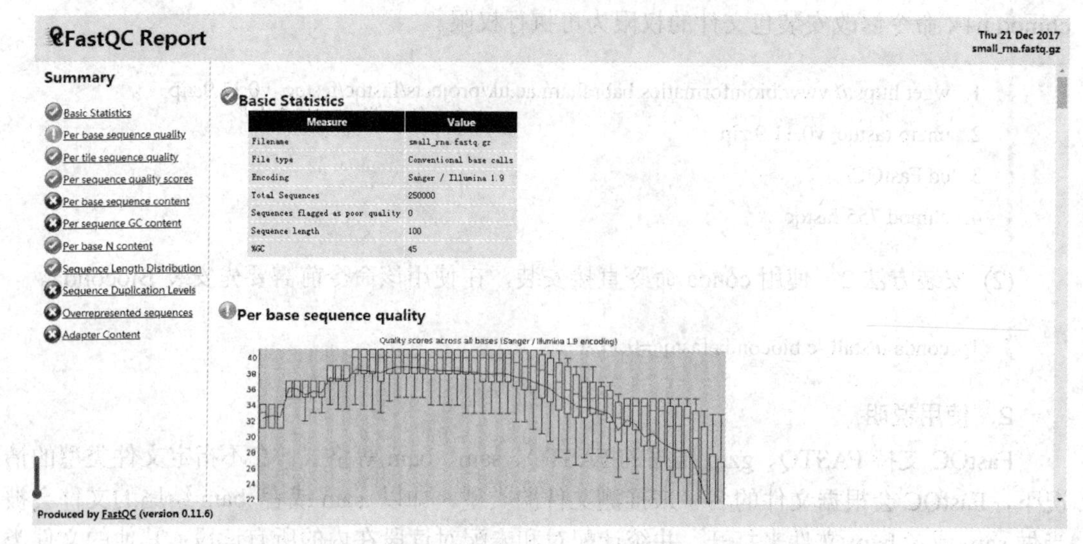

图 2.11　Small RNA with read-through adapter 报告首页

图 2.11 中左边是 11 项指标的概要，右边是各项指标对应的结果，每项指标结果包括√(合格)、!(警告) 和 ×(不合格) 3 种。右上角是报告生成的日期和对应的文件名称。

1) Basic Statistics

如图 2.12 所示，Encoding 指测序平台的版本和相应的编码版本号。

Basic Statistics

Measure	Value
Filename	small_rna.fastq.gz
File type	Conventional base calls
Encoding	Sanger / Illumina 1.9
Total Sequences	250000
Sequences flagged as poor quality	0
Sequence length	100
%GC	45

图 2.12　Small RNA with read-through adapter 数据基本信息

Total Sequences 指输入文本的读段数量。

Sequence length 指测序的长度。

%GC 是我们需要重点关注的一个指标，该值表示的是全部序列中的 GC 含量，这个数值一般具有物种特异性，比如人类细胞的 GC 含量大约为 42%。

2) Per base sequence quality

Per base sequence quality 是质控指标之一，其内容是所有读段的位置分布，如图 2.13 所示。该指标通过箱形图来说明数据质量，纵轴表示质量得分，横轴表示测序序列的位置。

整个图分为 3 部分：纵坐标大于 28 的序列表示质量较好，纵坐标小于 20 的序列表示质量很差，纵坐标在 20～28 的序列表示质量中等。由此可以判断图 2.13 的测序结果质量中等，所以显示“！”标志。

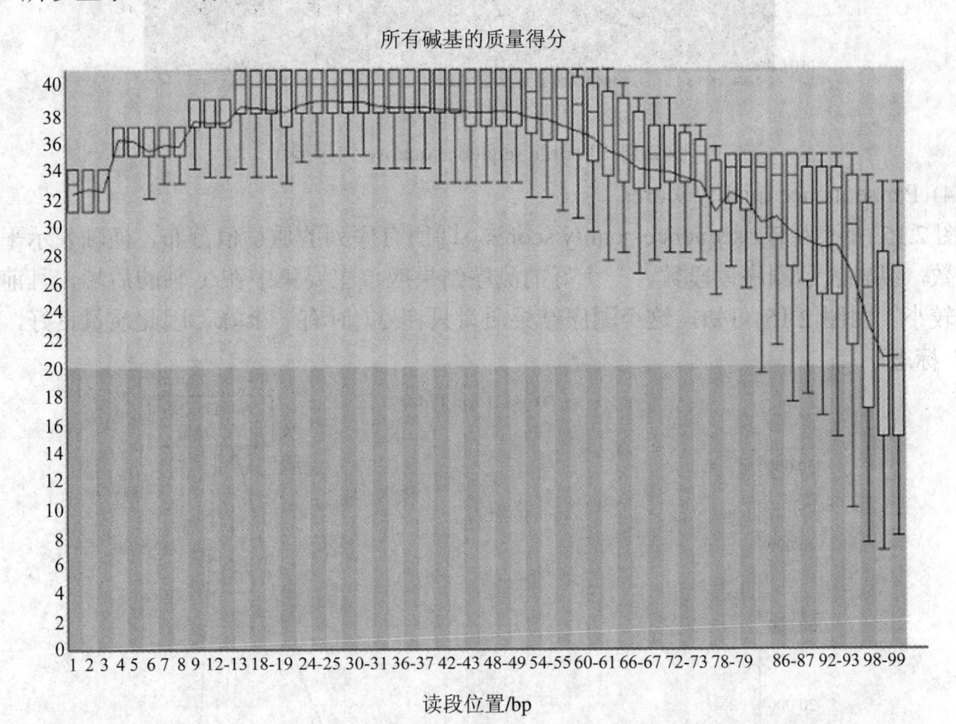

图 2.13　Per base sequence quality 结果展示

3) Per tile sequence quality

Per tile sequence quality 是用热图展示在测序平台上的，用来表示读段中每个碱基位置在不同测序小孔之间的偏离度，越靠近则代表碱基质量越高。如图 2.14 所示，横轴表示测序序列位置，纵轴表示测序小孔的位置。

偏离度小于平均值 2 报“!”，偏离度小于平均值 5 报“×”。图 2.14 的结果良好，故报“√”。

图 2.14　Per tile sequence quality 结果展示

4) Per sequence quality scores

图 2.15 所示为 Per sequence quality scores，即所有序列的质量值分布，横轴表示平均质量分数，纵轴表示测序读段数。一个好的测序结果应该主要集中在 *x* 轴的后端，且前端的峰都较小。由图 2.15 可知，这个测序结果质量只在 37 时有一个峰，因此质量良好，显示“√”标志。

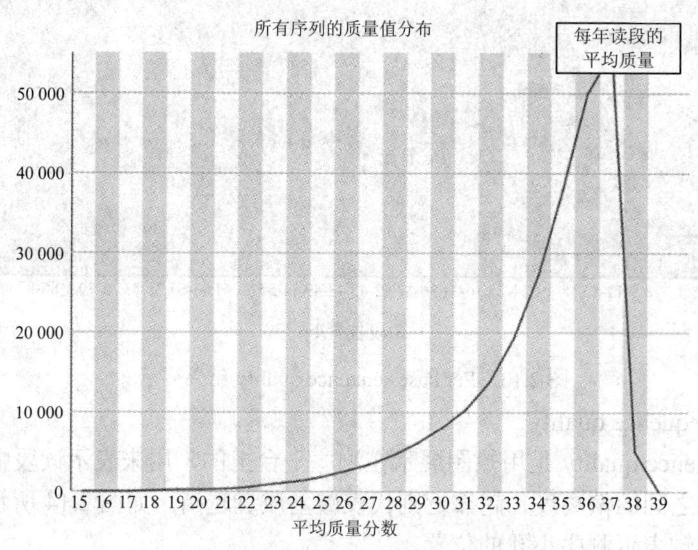

图 2.15　Per sequence quality scores 结果展示

5) Per base sequence content

Per base sequence content 给出了序列的碱基组成结果，如图 2.16 所示。其中横坐标表示读段位置，纵坐标表示各碱基所占百分比。质量好的样本中 4 条线应该平行且接近，表明样本中各个碱基比例相对稳定，出现频率接近。分析图 2.16 可知，这个测序结果的碱基比例分布混乱，因此显示“×”标志。

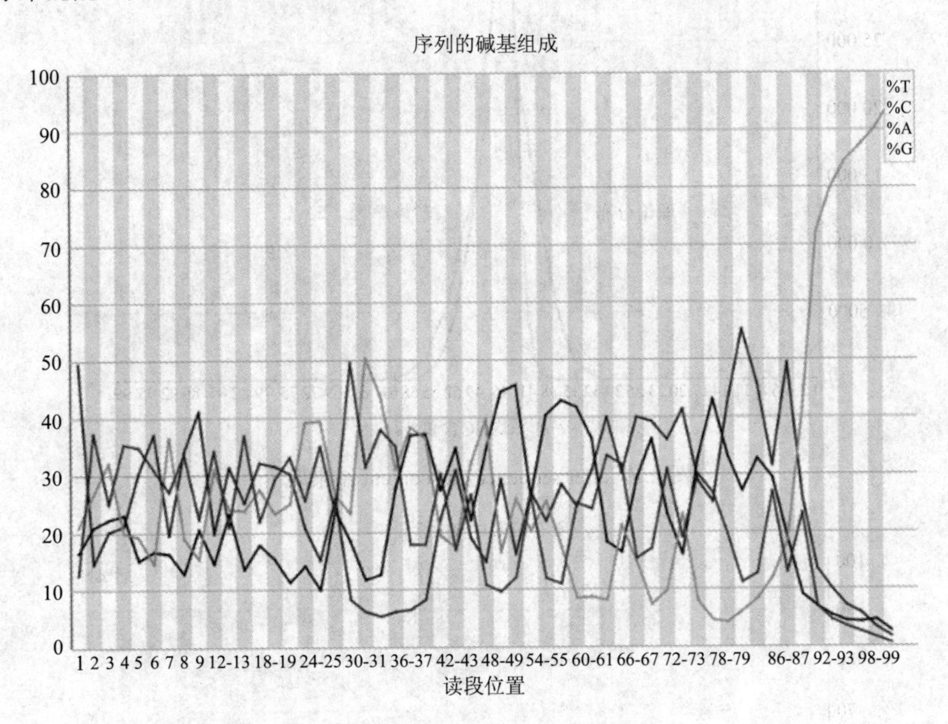

图 2.16　Per base sequence content 结果展示

6) Per sequence GC content

Per sequence GC content 给出了序列的 GC 含量分布图，如图 2.17 所示，横坐标表示 GC 含量，纵坐标表示序列数。偏移理论分布的读段数若超过 15%则显示“!”，超过 30%则显示“×”。分析图 2.17 可知，这个样本的 GC 含量结果为“×”。

7) Per base N content

当测序仪无法识别具体是哪种碱基的时候，就会给出 N，N 的比例越小越好。任何一个位置 N 的比例大于 5%就会显示“!”，大于 20%则显示“×”。分析图 2.18 所示的测序结果可知，N 的比例正常，显示为“√”。

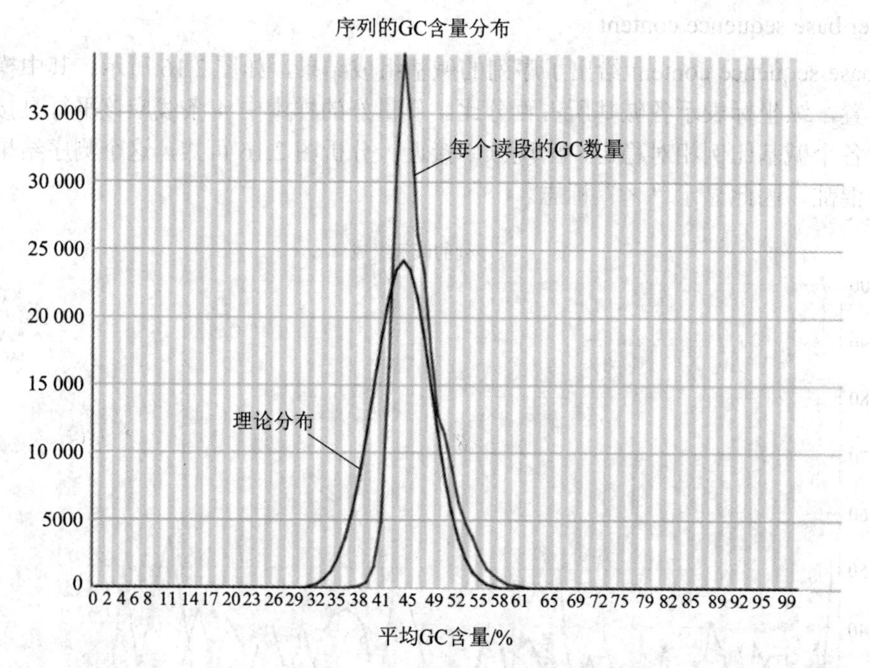

图 2.17　Per sequence GC content 结果展示

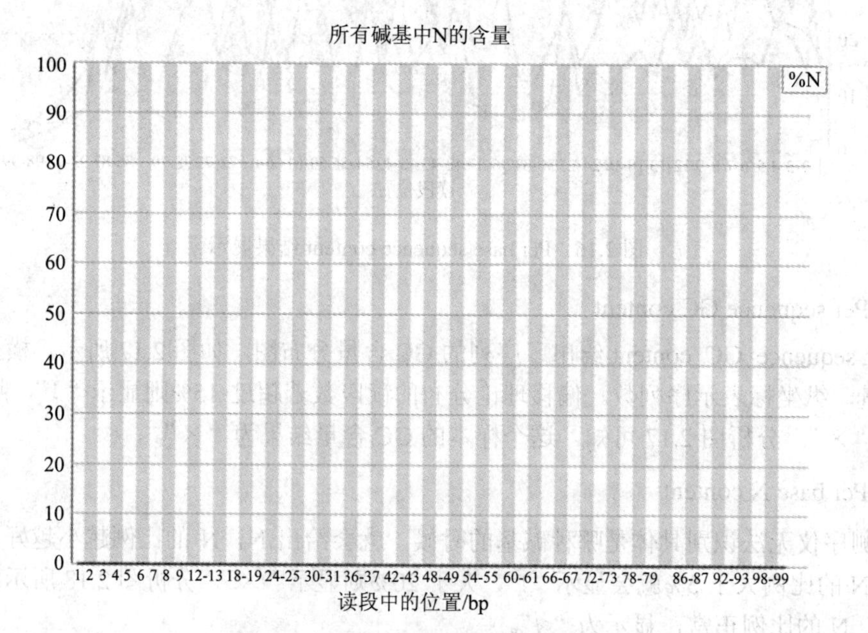

图 2.18　Per base N content 结果展示

8) Sequence Length Distribution

Sequence Length Distribution 为读长分布情况。读段的长度都是相等的，因此当读段长度不一致时显示“!”，长度为 0 时显示“×”。分析图 2.19 可知，该数据的读段长度基本相同，结果显示“√”。

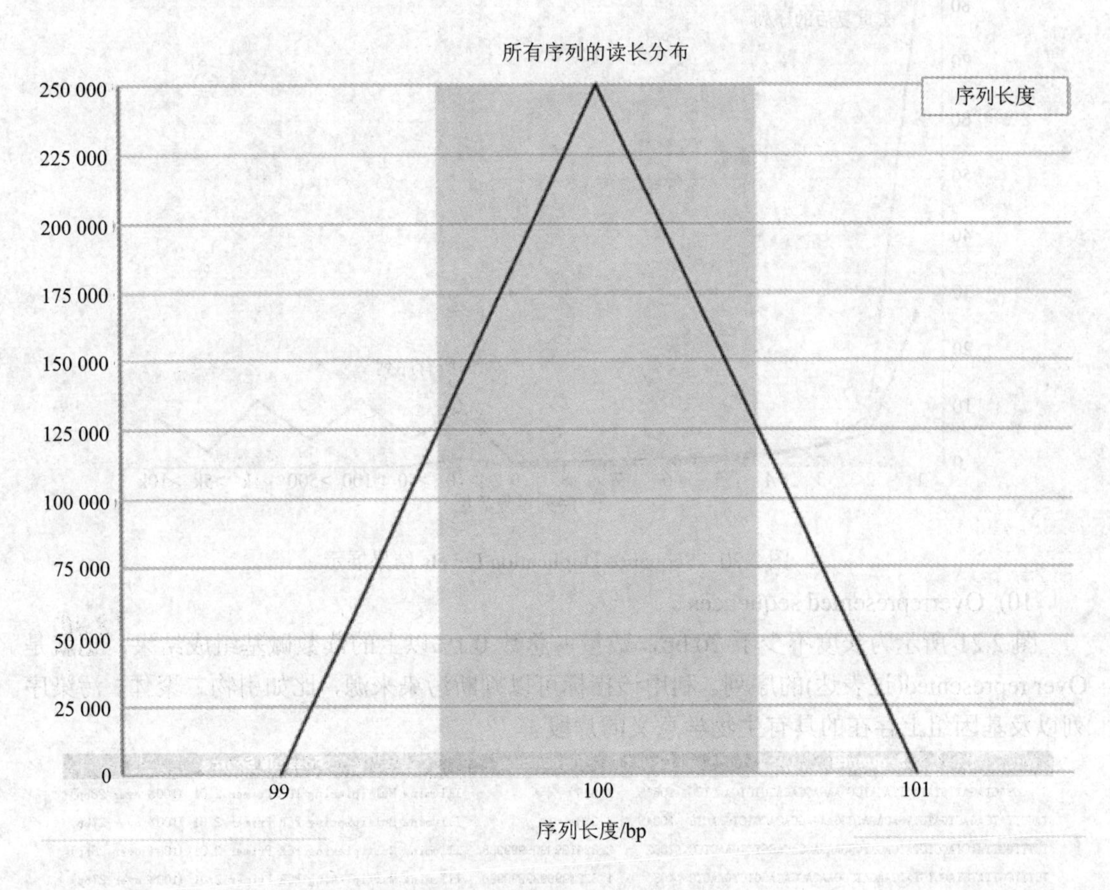

图 2.19　Sequence Length Distribution 结果展示

9) Sequence Duplication Levels

Sequence Duplication Levels 展示了重复序列分布图，如图 2.20 所示，横坐标为重复的次数，纵坐标为重复次数对应的读段占不重复读段的百分比。基因组覆盖度越高，测序得到的序列重复比例越低；测序深度越大，重复比例越高。图 2.20 中开始时位于下方的线条表示文件中所有序列重复程度的分布，开始时位于上方的线条表示去冗余之后的序列。重复读段占总数的比例大于 20%时显示“!”，大于 50%时显示“×”。

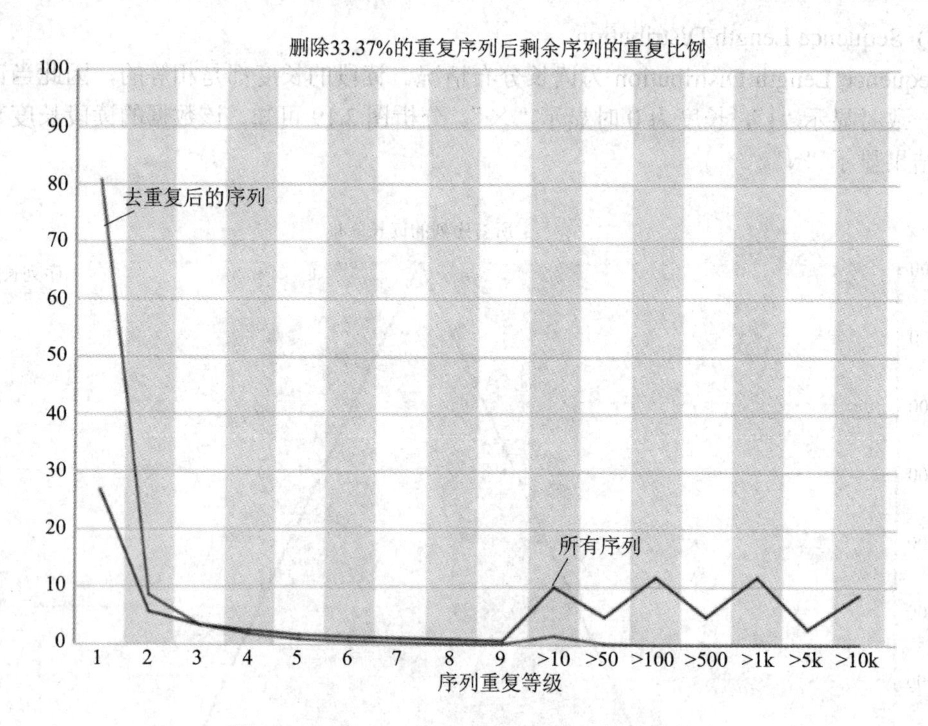

图 2.20　Sequence Duplication Levels 结果展示

10) Overrepresented sequences

图 2.21 所示为长度不少于 20 bp，数量占总数 0.1%以上的读数碱基组成结果，也就是 Over represented(过表达)的序列。利用该指标可以判断污染来源，比如引物二聚体、污染序列以及基因组上存在的具有生物学意义的片段。

Sequence	Count	Percentage	Possible Source
TGAGGTAGTAGATTGTATAGTTAGATCGGAAGAGCACACGTCTGAACTCC	10865	4.346	Illumina Multiplexing PCR Primer 2.01 (100% over 28bp)
TAGCTTATCAGACTGATGTTGACAGATCGGAAGAGCACACGTCTGAACTC	10845	4.338	Illumina Multiplexing PCR Primer 2.01 (100% over 27bp)
TCTTTGGTTATCTAGCTGTATGAGATCGGAAGAGCACACGTCTGAACTCC	7062	2.8247999999999998	Illumina Multiplexing PCR Primer 2.01 (100% over 28bp)
TCTTTGGTTATCTAGCTGTATGAAGATCGGAAGAGCACACGTCTGAACTC	4056	1.6223999999999998	Illumina Multiplexing PCR Primer 2.01 (100% over 27bp)
TGAGGTAGTAGTTTGTGCTGTTAGATCGGAAGAGCACACGTCTGAACTCC	3737	1.4948	Illumina Multiplexing PCR Primer 2.01 (100% over 28bp)
TGAGGTAGTAGTTTGTACAGTTAGATCGGAAGAGCACACGTCTGAACTCC	3549	1.4196	Illumina Multiplexing PCR Primer 2.01 (100% over 28bp)
TGAGGTAGTAGGTTGTATGGTTAGATCGGAAGAGCACACGTCTGAACTCC	2931	1.1724	Illumina Multiplexing PCR Primer 2.01 (100% over 28bp)
AACCCGTAGATCCGATCTTGTAGATCGGAAGAGCACACGTCTGAACTCCA	1910	0.764	Illumina Multiplexing PCR Primer 2.01 (100% over 29bp)
CGCGACCTCAGATCAGACGTAGATCGGAAGAGCACACGTCTGAACTCCAG	1749	0.6996	Illumina Multiplexing PCR Primer 2.01 (100% over 30bp)
TGAGGTAGTAGGTTGTATAGTTAGATCGGAAGAGCACACGTCTGAACTCC	1647	0.6588	Illumina Multiplexing PCR Primer 2.01 (100% over 28bp)
TCTTTGGTTATCTAGCTGTATAGATCGGAAGAGCACACGTCTGAACTCCA	1622	0.6487999999999999	Illumina Multiplexing PCR Primer 2.01 (100% over 29bp)
TAGCTTATCAGACTGATGTTGATAGATCGGAAGAGCACACGTCTGAACTC	1328	0.5312	Illumina Multiplexing PCR Primer 2.01 (100% over 27bp)
TTCAAGTAATCCAGGATAGGCTAGATCGGAAGAGCACACGTCTGAACTCC	1248	0.4992	Illumina Multiplexing PCR Primer 2.01 (100% over 28bp)

图 2.21　Over represented 序列结果展示

11) Adapter Content

Adapter Content 模块统计序列两端 Adapter 的情况。当测序仪测得 Adapter 的含量超过 5%时显示“!”，超过 10%时显示“×”。样本结果如图 2.22 所示。

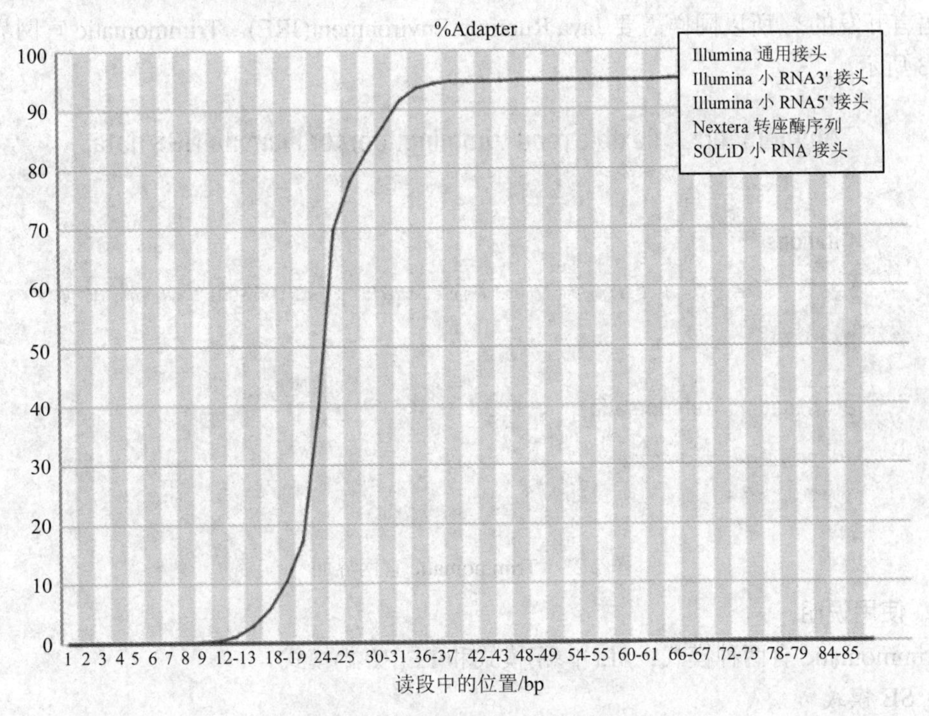

图 2.22 Adapter Content 结果展示

2.2.2 Trimmomatic

在使用 FastQC 对原始数据进行质量分析之后，如果该数据的质量不高，就需要对原始数据进行修剪和过滤，然后才能进行下一步的分析。在此为读者介绍一款常用的读段修剪工具——Trimmomatic，其主要功能如下：

① 去除 Adapter 序列以及测序中的其他特殊序列；

② 采用滑动窗口的方法，删除低质量碱基；

③ 去除头部低质量以及 N 碱基过多的读段；

④ 去除尾部低质量以及 N 碱基过多的读段；

⑤ 截取固定长度的读段；

⑥ 删除小于一定长度的读段；

⑦ Phred 质量值转换。

1．安装简介

安装 Trimmomatic 只需要在官网直接下载打包好的 jar 文件(http://www.usadellab.org/cms/index.php?page=trimmomatic)，然后解压即可。需要注意的是，因为这款软件也是采用 Java 语言开发的，所以同样需要 Java Runtime Environment(JRE)。Trimmomatic 官网界面如图 2.23 所示。

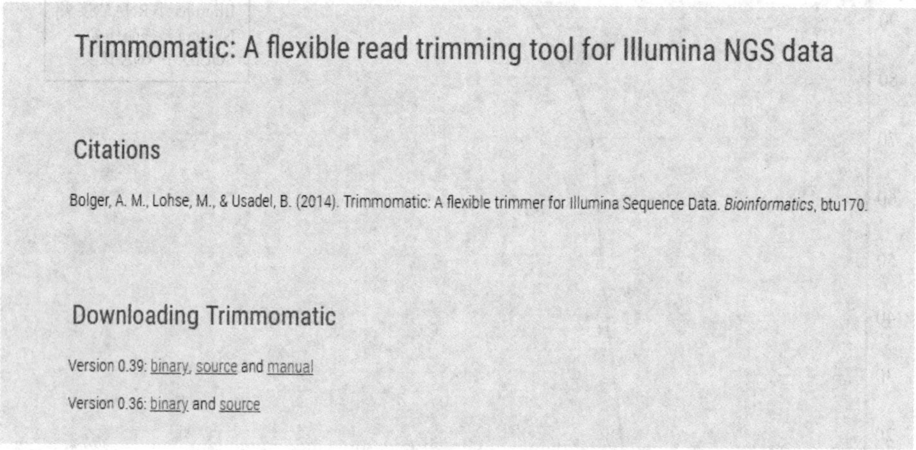

Trimmomatic: A flexible read trimming tool for Illumina NGS data

Citations

Bolger, A. M., Lohse, M., & Usadel, B. (2014). Trimmomatic: A flexible trimmer for Illumina Sequence Data. *Bioinformatics*, btu170.

Downloading Trimmomatic

Version 0.39: binary, source and manual

Version 0.36: binary and source

图 2.23　Trimmomatic 官网界面

2．使用说明

Trimmomatic 有两种模式：SE(单端)模式和 PE(双端)模式。

1) SE 模式

在 SE 模式下，系统只有一个输入文件和一个质控后的输出文件，运行命令如下：

```
java -jar <path to trimmomatic jar> SE [-threads <threads>] <input> <output> <step 1> <step 2>...
```

2) PE 模式

在 PE 模式下，系统有两个输入文件(正向读段和反向读段)和 4 个质控后的输出文件，运行命令如下：

```
java -jar <path to trimmomatic.jar> PE [-threads <threads] [-phred33 | -phred64]  <input 1> <input 2> <
paired output 1> <unpaired output 1> <paired output 2> <unpaired output 2> <step 1> <step 2> ...
```

3．结果分析

在 Trimmomatic 两种模式的运行命令中，<step 1><step 2>… 均为每一步的质控参数。Trimmomatic 过滤数据的步骤与命令中过滤参数设定的顺序一致，通常的过滤步骤包括以下几个部分。

① ILLUMINACLIP：过滤读段中的 Illumina 测序接头和引物序列，并决定是否去除反向互补的 R1/R2 中的 R2。这一步可以直接使用软件内置的 Adapter 序列文件，也可以自定义 Adapter 序列文件。

```
ILLUMINACLIP:TruSeq2-PE.fa:2:30:10
```

其中，TruSeq2-PE.fa 是指定的 Adapter 文件；2 表示允许的最大错配数；30 表示要求 PE 的两条读段同时和 Adapter 序列比对，如果匹配度加起来超过 30%，就认为这对 PE 读段含有 Adapter，并需要在对应位置进行切除；10 表示只要某条读段的某部分和 Adapter 的匹配度超过 10%，就需要进行切除。

② SLIDINGWINDOW：从读段的 5' 端开始进行滑窗质量过滤，切除碱基质量平均值低于阈值的滑窗读段。

```
SLIDINGWINDOW:4:15
```

数字 4 代表滑动窗口的大小为 4 bp，数字 15 代表碱基质量阈值为 15。如果窗口内 4 个碱基的平均质量值低于 15，则该窗口及之后的序列都会被去除。

③ LEADING：从读段的头部开始切除碱基质量值低于阈值的碱基。

```
LEADING:3
```

如果序列头部的碱基质量值低于 3，则去除该碱基。

④ TRAILING：从读段的末尾开始切除碱基质量值低于阈值的碱基。

```
TRAILING:3
```

如果序列末尾的碱基质量值低于 3，则去除该碱基。

⑤ CROP：从读段的末尾切掉部分碱基使得读段达到指定长度。

```
CROP:120
```

表示将所有序列截取为 120 bp 的长度。

⑥ HEADCROP：从读段的开头切除指定数量的碱基。

```
HEADCROP:5
```

表示从每条序列的开头去除 5 个碱基。

⑦ MINLEN：如果经过剪切后读段的长度低于阈值，则丢弃这条读段。

```
MINLEN:36
```

如果序列长度低于 36 bp，则该序列会被丢弃。

⑧ AVGQUAL：如果读段的平均碱基质量值低于阈值，则丢弃这条读段。

⑨ TOPHRED33：将读段的碱基质量值体系转为 Phred33。

⑩ TOPHRED64：将读段的碱基质量值体系转为 Phred64。

在此以 PE 模式给出一个命令示例：

```
1. JAVA –JAR Trimmomatic-0.36.jar PE –phred33
2. input_forward.fq.gz input_reverse.fq.gz
3. output_forward_paired.fq.gz output_forward_unpaired.fq.gz output_reverse_paired.fq.gz output_
   reverse_unpaired.fq.gz ILLUMINACLIP:TruSeq3-PE.fa:2:30:10
4. LEADING:3
5. TRAILING:3
6. SLIDINGWINDOW:4:15
7. MINLEN:36
```

2.2.3 BWA

测序数据经过FastQC和Trimmomatic进行基本质控处理之后，就到了序列比对这一步，这个过程也被称为 mapping。所谓序列比对，是指将测序得到的短片段重新比对到基因组上来获取一些比对信息，后续的相关分析都必须基于比对结果才可以进行。在此为读者介绍一款常用序列比对软件 BWA。BWA 全称为Burrows-Wheeler-Alignment Tool，是一款开源的生物信息学比对软件。

1. 安装简介

BWA 可以直接从官网(http://bio-bwa.sourceforge.net/)下载，也可以在 github 网站(https://github.com/lh3/bwa)下载。目前最新版本为 BWA-0.7.17。安装命令如下：

```
1. tar -zxvf v0.7.17.tar.gz
2. cd bwa-0.7.17
3. make
```

添加环境变量：

```
1. vi ~/.bashrc
2. exportPATH=$PATH:/pub1/shangsp2011b/software/bwa-0.7.17
3. source ~/.bashrc
```

2. 使用说明

1) 建立序列索引

建立序列索引的目的主要是对基因组文件进行标记和索引，便于后续比对时可以快速地定位序列，确定比对信息。

```
bwa index -a bwtsw ref.fa
```

(1) 建立序列索引有 3 种算法(bwtsw、is 和 rb2)，可以通过参数 -a 指定，其中 -a bwtsw 适用于大基因组，-a is 和 -a rb2 适用于较小基因组，如果不指定，则 BWA 会自动检测选择相应算法。

(2) 输入文件为 ref.fa，是参考基因组序列文件。

(3) 输出文件为 ref.fa.amb、ref.fa.ann、ref.fa.bwt、ref.fa.pac、ref.fa.sa，其中前两个文件内容为碱基数和染色体个数信息，后 3 个文件为二进制文件。

2) 序列比对

BWA 有 3 种比对算法，即 BWA-backtrack、BWA-SW 和 BWA-MEM。第一种只支持短序列比对(序列长度小于 100 bp)，后两种支持长序列比对(序列长度在 70 bp～1 Mbp 之间)。目前，BWA-MEM 为首选的比对算法。

(1) BWA-backtrack 对应的子命令为 aln/samse/sample，单端读段数据用法如下：

```
1. bwa aln ref.fa reads.fq > aln_sa.sai
2. bwa samse ref.fa aln_sa.sai reads.fq > aln-se.sam
```

双端读段数据用法如下：

```
1. bwa aln ref.fa read1.fq > aln1_sa.sai
2. bwa aln ref.fa read2.fq > aln2_sa.sai
3. bwa sample ref.fa aln_sa1.sai aln_sa2.sai read1.fq read2.fq > aln-pe.sam
```

(2) BWA-SW 对应的子命令为 bwasw，基本用法如下：

```
1. bwa bwasw ref.fa reads.fq > aln-se.sam              #单端用法
2. bwa bwasw ref.fa read1.fq read2.fq > aln-pe.sam     #双端用法
```

(3) BWA-MEM 对应的子命令为 mem，基本用法如下：

```
1. bwa mem ref.fa reads.fq > aln-se.sam                #单端用法
2. bwa mem ref.fa read1.fq read2.fq > aln-pe.sam       #双端用法
```

在上述代码中，ref.fa 指的是参考基因组索引的名字。默认方法都很简单，但有时还需要对参数进行调整，以 mem 命令为例，常用的参数包括以下几种。

–t：线程数，默认为 1。

–M：将 shorter split hits 标记为次优，以兼容 Picard's markDuplicates 软件。

–p：若无此参数：输入文件只有 1 个，进行单端比对；若输入文件有 2 个，则作为双端读段进行比对。若使用此参数：则仅以第 1 个文件作为输入(输入的文件若有 2 个，则忽略)，该文件必须是 read1.fq 和 read2.fa 中读段交叉的数据。

-R STR：完整的 read group 的头部，可以用 '\t' 作为分隔符，在输出的 sam 文件中被解释为制表符 TAB. read group 的 ID，会被添加到输出文件的每一个读段的头部。

-T INT：当比对的分值比 INT 小时，不输出该比对结果，这个参数只影响输出的结果，不影响比对的过程。

经过以上步骤，最终生成 sam 格式的比对文件。

2.2.4 Samtools

从上一节可知，BWA 的输出文件是 sam 格式的比对文件，因此需要一款能处理 sam 格式数据的工具。在此为读者介绍一款常用软件——Samtools。Samtools 是一个开源的，能够操作 sam 和 bam 文件的工具集合，可以实现二进制数据的查看、格式转换及合并等功能。Samtools 支持 Linux 系统，使用泛围广泛，功能强大。

1. 安装简介

Samtools 的下载安装可以按照下方命令进行，需要注意的是，在安装这一步的路径必须是绝对路径。

```
1. mkdir ~/samtools                                    #创建 Samtools 的文件夹
2. cd ~samtools
3. wget -c https://github.com/samtools/samtools/releases/download/1.9/samtools-1.9.tar.bz2 #下载
4. tar jxvf samtools-1.9.tar.bz2                       #解压
5. . /configure --prefix=~/biosoft/samtools-1.9        #安装
6. make
7. make install
8. echo 'export PATH="/home/vip47/biosoft/samtools-1.9/bin:$PATH" ' >>~/.bashrc #添加环境变量
9. source ~/.bashrc
```

至此，Samtools 的安装已完成。

2. 使用说明

Samtools 有许多子命令，在此仅介绍其最常用的一些命令。

1) view

作用：查看 sam 文件(sam 格式转 bam)。

命令格式：

```
samtools view [options] <输入 bam 文件>
```

view 命令的常用参数见表 2-1。

表 2-1　view 命令的常用参数

参数	说明
-b	设置输出 bam 格式，默认情况下输出 sam 格式文件
-u	以未压缩的 bam 格式输出，一般与 Linux 命令配合使用
-h	默认情况下输出的 sam 格式文件不带 header，该参数设定输出 sam 文件时带 header 信息
-H	只输出 header 信息
-f [INT]	只输出在比对 flag 中包含该整数的序列信息
-F [INT]	跳过比对 flag 中含有该整数的序列
-o [file]	标准输出结果文件
-S	设置输入文件是 sam 文件，默认输入的是 bam 文件

下面是一些使用 view 命令的例子：

```
1. # 将 sam 文件转换成 bam 文件
2. samtools view -bS abc.sam > abc.bam
3.
4. # bam 转换为 sam
5. samtools view -h -o out.sam out.bam
6.
7. # 提取比对到参考序列上的比对结果
8. samtools view -bF 4 abc.bam > abc.F.bam
9.
10. # 提取双端读段中两条读段都比对到参考序列上的比对结果，只需要把两个 4+8 的值 12 作为
    过滤参数即可
11. samtools view -bF 12 abc.bam > abc.F12.bam
12.
13. # 提取没有比对到参考序列上的比对结果
14. samtools view -bf 4 abc.bam > abc.f.bam
15.
16. # 提取 bam 文件中比对到 scaffold1 上的比对结果，并保存为 sam 文件格式
```

```
17. samtools view abc.bam scaffold1 > scaffold1.sam
18.
19. # 提取 scaffold1 上能比对到 30 kbp 到 100 kbp 区域的比对结果
20. samtools view abc.bam scaffold1:30000-100000 $gt; scaffold1_30k-100k.sam
21.
22. # 根据 FASTA 文件，将 header 加入到 sam 或 bam 文件中
23. samtools view -T genome.fasta -h scaffold1.sam > scaffold1.h.sam
```

2) sort

作用：对 bam 文件进行排序。

命令格式：

```
samtools sort [option] <in.bam> -o <out.prefix>
```

sort 命令的常用参数见表 2-2。

表 2-2　sort 命令的常用参数

-n	设定排序方式按 short reads 的 ID 排序。默认情况下按序列在 FASTA 文件中的顺序(即 header)和序列从左往右的位点排序
-m [INT]	设置每个线程的最大内存，单位可以是 kB、MB、GB，默认为 768 MB。当处理大数据时，如果内存够用，则设置较大的值，以节约时间。
-t [TAG]	按照 TAG 值排序
-o [FILE]	输出到文件中，加文件名

下面是使用 sort 命令的例子：

```
1. # tmp.bam 按照序列位置排序，并将结果输出到 tmp.sort.bam
2. samtools sort -n tmp.bam  -o tmp.sort.bam
3. samtools view tmp.sort.bam
```

3) merge

作用：将多个排序后的序列文件合并为一个文件。

命令格式：

```
samtools merge [options] <输出 bam 文件> <输入 bam 文件 1> <输入 bam 文件 2> …
```

merge 命令的常用参数见表 2-3。

表 2-3　merge 命令的常用参数

-n	指定输入文件是以读段名称排序的(与 sort 中的-n 参数配合使用)
-h [file]	将 file 文件中的 header 信息拷贝到输出的 bam 文件中

4) flagstat

作用：统计 bam 文件中的比对 flag 信息，输出比对统计结果。

命令格式：

```
samtools flagstat <输入 bam 文件>
```

5 index

作用：为排序后的序列建立索引，输出为 bai 文件，用于快速随机处理。

命令格式：

```
samtools index <排序后的 bam 文件>
```

6) faidx

作用：为 FASTA 文件建立索引，生成以.fai 为后缀的文件。该命令也能依据索引文件快速提取 FASTA 文件中的某一条子序列。

命令格式：

```
Usage: samtools faidx <file.falfile.fa.gz> [<reg> [...]]samtools faidx <file.falfile.fa.gz> [<reg> [...]]
```

2.3 数据处理实例演示

2.3.1 数据处理实例流程

这里从 FASTQ 文件出发，依次使用 Trimmomatic、BWA、Samtools 3 个工具，并对每一步产生的结果进行说明，附截图说明。

1．认识数据

当我们拿到一个测序数据后，首先需要认识该数据，这里我们使用 FastQC 工具。我们已经安装好了 FastQC，它可以帮助我们直观地将数据的各个指标展现出来。接下来对测序数据做数据质控，SRR016604.fastq(test2.fq 和 chr21.fa)下载地址为：

ftp://ftp.ncbi.nih.gov/1000genomes/ftp/pilot_data/data/NA19238/pilot3_unrecal/

下载后只需在测序数据所在目录下打开终端执行命令即可，命令如下：

```
~/FastQC/fastqc SRR016604.fq -o QCresult
```

参数-o 用于指定输出目录，QCresult 就是指令的输出目录，注意该目录需要事先创建好，否则会报错。如果不加参数-o，则默认输出结果的路径为 test1.fq 所在的位置。除此之外，第一次执行的时候还可能会报如下错误。

```
Can't exec "java": 没有那个文件或目录 at /home/tianye/FastQC/fastqc line 307
```

这是因为缺少 Java 软件包，FastQC 是基于 Java 环境的，所以需要先安装 Java 软件包才能运行 FastQC，命令如下：

```
sudo apt-get install openjdk-8-jre-headless
```

安装好软件包之后再运行 FastQC，产生两个文件，即一个 html 文件和一个 zip 文件。可以直接打开 html 文件，也可以解压 zip 文件，进入 QCresult 文件夹，打开终端，命令如下：

```
unzip SRR016604_fastqc.zip
```

图 2.24 所示为数据质控解压后的结果。

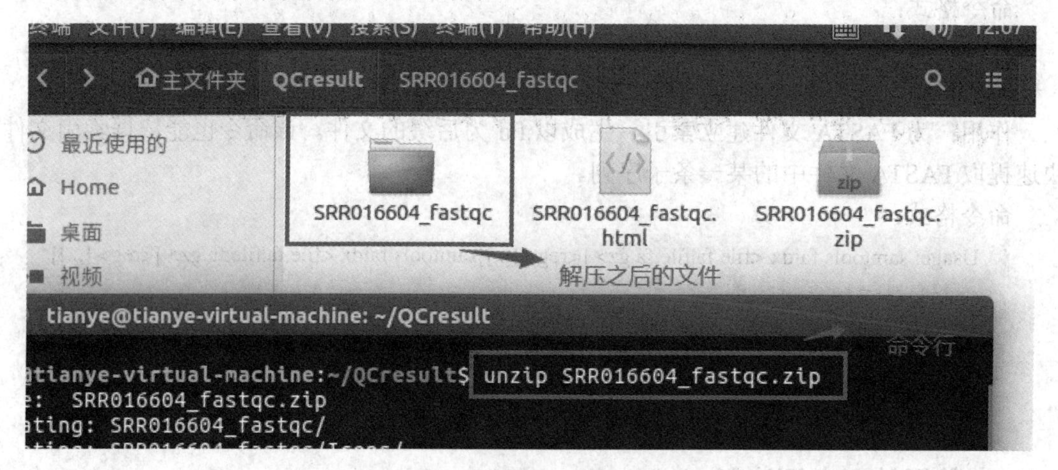

图 2.24　数据质控解压后的结果

文件夹中文件的具体分析参考本书 2.2.1 节。

2. 数据的过滤和切除(过滤低质量数据)

在使用 FastQC 对原始数据的质量进行分析之后，如果发现该数据的质量不高，就需要对原始数据进行修剪和过滤，然后才能进一步的分析，因此需要使用 Trimmomatic 软件进行处理。安装 Trimmomatic 软件需要在官网下载打包好的 binary，然后解压，文件夹中包含 adapters 目录、LICENSE 和 trimmomatic-0.39.jar，trimmomatic-0.39.jar 是运行程序，adapters 中的内容是去除接头序列时需要用到的文件。

接下来对经过 FastQC 的数据进行切除和过滤。由于数据是单端测序，所以使用 SE 模式。在测序数据 SRR016604.fq 所在目录打开终端，命令如下：

```
java -jar ~/Trimmomatic-0.39/trimmomatic-0.39.jar SE -phred33 SRR016604.fastq
out_SRR016604.fastq ILLUMINACLIP:~/Trimmomatic/adapters/TruSeq3-SE.fa:2:30:10 LEADING:3
TRAILING:3 SLIDINGWINDOW:4:15 MINLEN:30
```

命令中，参数-phred33 指质量体系，默认为 Phred64 体系，现今测序数据基本是 Phred33 体系，所以必须要指明。运行结果如图 2.25 所示。

```
Input Reads: 887541 Surviving: 496568 (55.95%) Dropped: 390973 (44.05%)
TrimmomaticSE: Completed successfully
```

图 2.25　Trimmomatic 过滤数据的结果

此时即可得到经过修剪的结果文件，如图 2.26 所示。

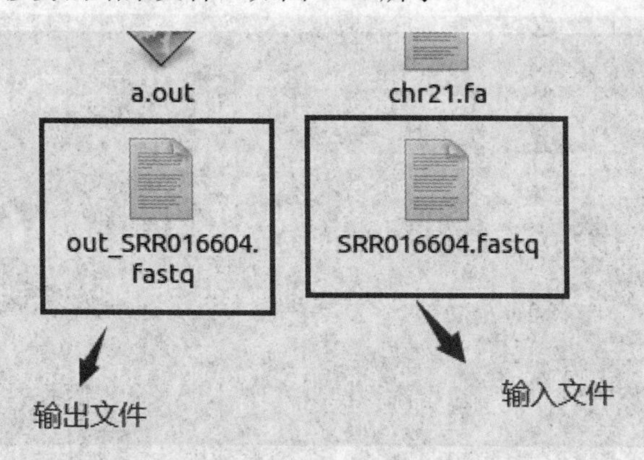

图 2.26　Trimmomatic 过滤数据生成的文件截图

3．BWA 比对和 Samtools 处理

得到基本合格的数据后需要对数据进行比对。在开始比对之前，需要先为参考基因组建立索引，即在参考基因组(.fa 文件，例如 chr21.fa)所在目录下打开终端，然后运行如下命令：

```
bwa index chr21.fa
```

这个过程可能需要等待一些时间，最终产生以 chr21.fa 为前缀的文件，如图 2.27 所示，在比对时需要用到这些文件。

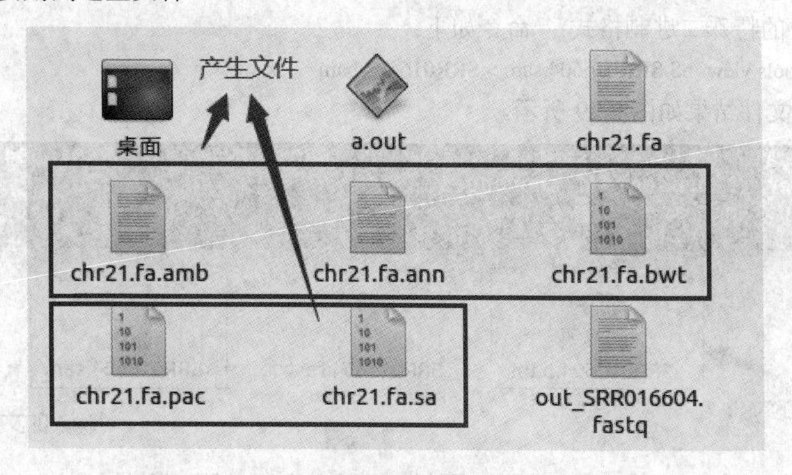

图 2.27　BWA 算法生成 FASTA 文件的索引截图

接下来运用 BWA 的 mem 模块开始序列比对，命令如下：

```
bwa mem -t 2 -M -R "@RG\tID:foo\tPL:illumina\tLB:library\tSM:out_SRR016604" chr21.fa
out_SRR016604.fastq > SRR016604.sam
```

图 2.28 所示为比对结果。

```
tianye@tianye-virtual-machine: ~
tianye@tianye-virtual-machine:~$ bwa mem -t 2 -M -R "@RG\tID:foo\tPL:illu
mina\tLB:library\tSM:out_SRR016604" chr21.fa out_SRR016604.fastq > SRR016
604.sam
[M::bwa_idx_load_from_disk] read 0 ALT contigs
[M::process] read 376980 sequences (20000147 bp)...
[M::process] read 119588 sequences (6301239 bp)...
[M::mem_process_seqs] Processed 376980 reads in 45.850 CPU sec, 22.613 re
al sec
[M::mem_process_seqs] Processed 119588 reads in 14.735 CPU sec, 7.193 rea
l sec
[main] Version: 0.7.12-r1039
[main] CMD: bwa mem -t 2 -M -R @RG\tID:foo\tPL:illumina\tLB:library\tSM:o
ut_SRR016604 chr21.fa out_SRR016604.fastq
[main] Real time: 31.181 sec; CPU: 61.877 sec
tianye@tianye-virtual-machine:~$
```

算机
接到服务器
SRR016604.fastq
SRR016604.sam
SRR016604出处
输出的文件

图 2.28　BWA 算法比对 FASTA 文件和 FASTQ 文件的结果

由于 sam 文件一般都很大，为了节省磁盘空间，使用 Samtools 工具将其转化为 bam 文件(sam 文件的特殊二进制格式)，命令如下：

```
samtools view -bS SRR016604.sam > SRR016604.bam
```

转化的文件结果如图 2.29 所示。

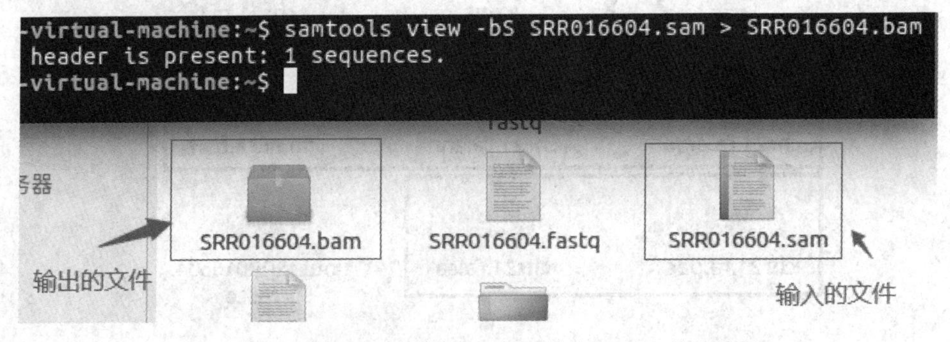

图 2.29　Samtools 工具转化 sam 文件为 bam 文件的结果

需要提到的是，由于 Samtools 处理的文件是 BWA 的 mem 模块的输出结果，因此可以将两步合并，即直接将 BWA 的输出结果通过管道流向 Samtools 进行格式转化，命令如下：

```
bwa mem -t 2 -M -R "@RG\tID:foo\tPL:illumina\tLB:library\tSM:out_SRR016604" chr21.fa
out_SRR016604.fastq | samtools view -bS - > SRR016604.bam
```

-bS 后面的“-”代表管道引流的数据。通过以上命令可以将结果重定向到 SRR016604.bam；此时就得到测序数据(即 FASTQ 文件)比对到参考基因组(即 FASTA 文件)的结果文件(即 bam 文件)，但是其先后顺序是乱的，我们在后面的算法中需要用到从前到后排好序的比对记录，因此还要对得到的 bam 文件进行排序，使用的仍然是 Samtools 工具，命令如下：

```
samtools sort –m 1G SRR016604.bam SRR016604.sorted
```

或者

```
samtools sort –f –m 1G SRR016604.bam SRR016604.sorted.bam
```

参数-f 表示将 SRR016604.sorted.bam 作为输出文件的全称，若没有参数-f，则输入的内容将被当做文件名前缀。运行结果如图 2.30 所示。

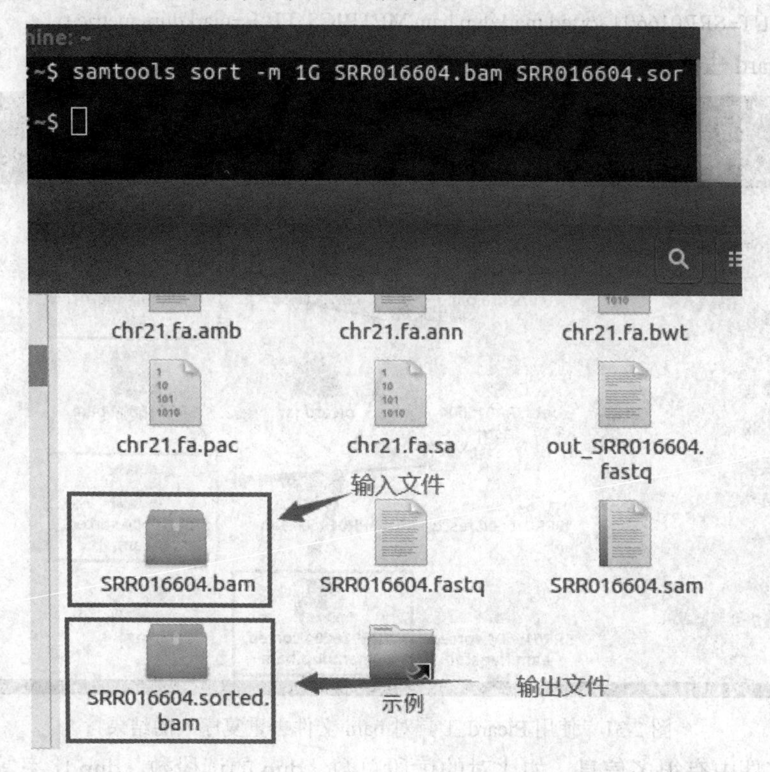

图 2.30 Samtools 工具对 bam 文件排序的结果

得到排序文件后，如果需要对 bam 文件的配对情况进行统计分析，则可以通过 Samtools 软件的 flagstat 模块进行操作，命令如下：

```
samtools flagstat SRR016604.sorted.bam > SRR016604.sorted.bam.flagstat
```

4. 使用 Picard 去除重复序列

在真实数据获取过程中，被测组织的细胞量不一定很充足，而且测序过程中打断 DNA 的步骤也会对数据造成意想不到的破坏，使测序数据浓度降低，在用探针标记碱基时，浓度低的数据信号不是很明显，最后导致测序不全或者不准，所以需要对测序数据进行 PCR 扩增。

PCR 扩增是将所有的序列全部进行复制，但是这一过程无形中提高了检测的假阴率和假阳率，因此需要将重复的读段进行标记，排除 PCR 过程对检测的影响。使用的工具是主流的 Picard，它是一个 Java 软件，下载地址为https://github.com/broadinstitute/picard/releases，命令如下：

```
java -jar picard.jar MarkDuplicates INPUT=SRR016604.sorted.bam
OUTPUT=SRR016604.sorted.markdup.bam METRICS_FILE=markdup_metric.txt
```

使用 Picard 去除重复序列结果如图 2.31 所示。

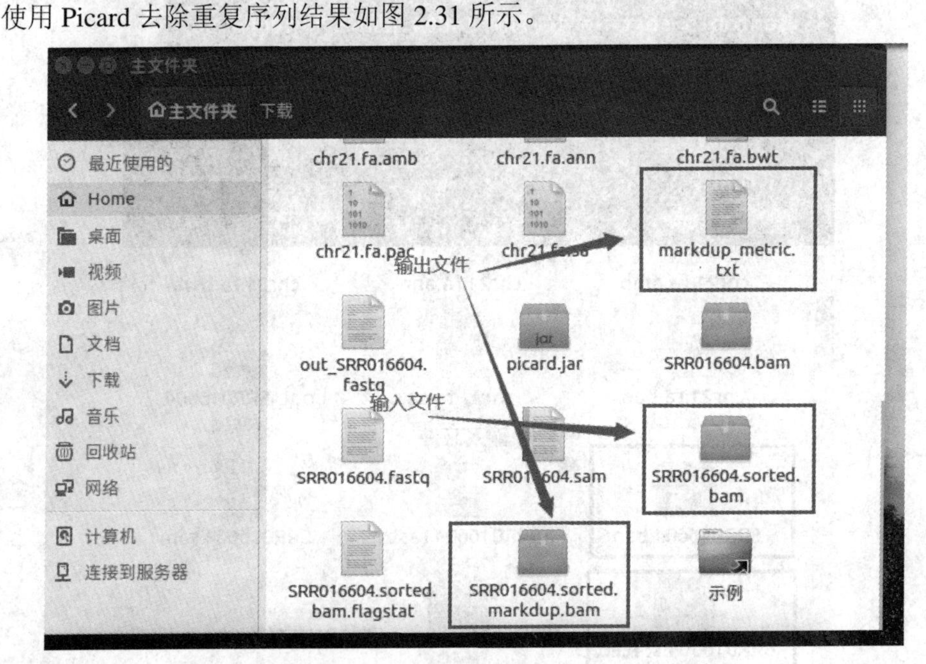

图 2.31　使用 Picard 工具对 bam 文件去重复序列的结果

metric 文件中有很多信息，如比对的读段总数、dup 的读段数、dup 比率等，如图 2.32 所示，dup 率为 70.889%。

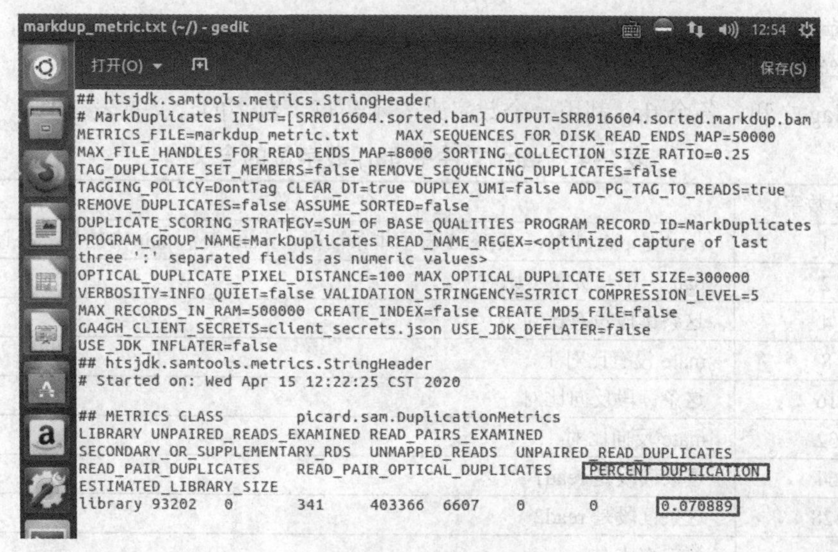

图 2.32　metric 文件中重要指标

得到 SRR016604.sorted.markdup.bam 后，为了能更快地随机访问其各个位置的序列信息和比对信息，我们需要为其创建索引，命令如下：

```
samtools index SRR016604.sorted.markdup.bam
```

以上命令会生成一份.bai 文件，作为 bam 文件的索引。至此，数据的前期处理就结束了，bam 文件是很重要的文件，是进行变异检测的开始。

2.3.2　数据处理过程中产生的文件格式

bam 文件是 sam 文件的特殊二进制格式，sam 文件是 bam 文件的纯文本格式，所占内存十分庞大。bam 文件除了后缀是.bam 之外，还有 .cram 形式，它是 bam 的高压缩格式，所占内存小，但是 sam 的 IO 效率比 bam 差。由于 bam 文件和 sam 文件所包含的内容没有区别，因此以 sam 为例进行介绍。

sam 是一种序列比对格式标准，是以 TAB 为分隔符的文本格式，主要应用于展示测序序列 mapping 到基因组上的结果。以下是 sam 文件中的一行：

FCC0YG3ACXX:2:1103:1572:139769#GCTTAATG　99　chr10　60001　0　90M　=　60390　479 GAATTCCTTGAGGCCTAAATGCATCGGGGTGCTCTGGTTTTGTTGTTGTTATTTCTGAATGACATTTAC TTTGGTGCTCTTTATTTTGCG　CCCFFFFFHHHHHJJJJJJJIJJJJJJ?HHGIJJJBFHIJIJIDHIHIEHJJIJJIJJJHH GHHHFFFFFFEDCEEECCDDDDEECDD XT:A:R NM:i:0　SM:i:0　AM:i:0　X0:i:2　X1:i:0　XM:i:0　XO:i: 0 XG:i:0 MD:Z:90 XA:Z:chr18,+14415,90M,0; RG:Z:120618_I245_FCC0YG3ACXX_L2_SZAXPI010030-30

这一行共有 12 列，每一列含义如下：

(1) 读段的名字，也就是ID(如果是双端测序，则同一个ID会有两条读段)，通常包括测序平台等信息。

(2) flag之和，各个flag都用一个数字来表示，每个数字的含义见表2-4。

表2-4 sam文件中flag数字位的含义

flag数字	含 义
1	read是pair中的一条(read表示本条读段，mate表示pair中的另一条读段)
2	pair一正一负完美比对
4	这条读段没有比对上
8	mate没有比对上
16	这条读段反向比对
32	mate反向比对
64	这条读段是read1
128	这条读段是read2
256	第二次比对
512	比对质量不合格
1024	读段是PCR或光学副本产生的
2048	辅助比对结果

例如前面例子中第二列值为99，99=64+32+2+1，即为这4种情况值之和。

(3) 比对到的染色体号，如果无法比对，则为“*”。

(4) read比对到参考序列上，第一个匹配的碱基所在位置。若无法比对，则为0。

(5) 比对的质量分数，质量分数越高说明该read比对到参考基因组上的位置越精准。

(6) CIGAR，CIGAR是Compact Idiosyncratic Gapped Alignment Report的首字母缩写，意为读段比对的具体情况，见表2-5。

表2-5 sam文件中CIGAR字母位的含义

CIGAR字母位	含 义
M	match或 mismatch
I	insert
D	deletion
N	skipped(跳过这段区域)
S	soft clipping(被剪切的序列存在于序列中)
H	hard clipping(被剪切的序列未存在于序列中)
P	padding
=	match
X	mismatch(错配，位置是一一对应的)

(7) mate 匹配的染色体号，如果是“=”，则表示在同一条染色体上，若没有 mate，则为“*”。

(8) mate 比对到参考序列上的第一个碱基位置，若无 mate，则为 0。

(9) 该读段和 mate 的距离。

(10) 读段的碱基序列。

(11) 读段质量的 ASCII 编码。

(12) Optional fields，即可选的区域。

本章习题

1．人类基因组是指人类的 23 对染色体，其中包括 22 对常染色体，1 对性染色体，如图 2.33 所示。人类基因组参考序列可以从哪里下载？试下载一组人类基因组参考序列数据。

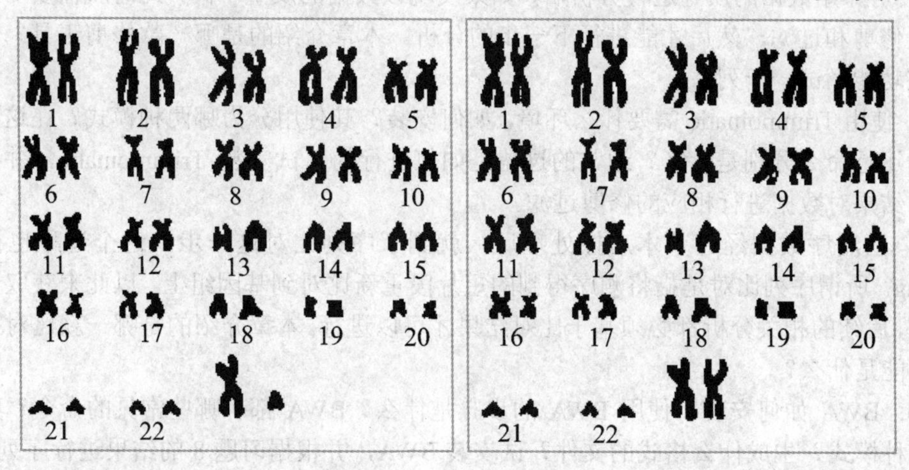

图 2.33　人类基因组示意图

2．在 21 世纪，基因测序已经发展为一种新型基因检测技术，该技术能够从血液、唾液或组织细胞中分析测定基因全序列，预测病人患多种疾病的可能性，及时对遗传病等疾病进行准确预防。全基因组测序(WGS)目前默认指的是人类的全基因组测序。从哪些数据库可以获取人类基因组的真实测序数据？试下载一组人类基因组的真实测序数据。

3．目前虽然已经积累了大量真实数据，但由于真实数据的各类信息没有被完全证实，不利于各类科研工作的进行，因此在各种研究场景下，都需要根据不同的需要生成各种仿真数据，以便对各种方法的性能做出准确的评估。本章提到的仿真数据设计分为哪几个步骤？每一步的目的是什么？试根据这些步骤生成一组仿真数据。

4. 目前可以获取的各种真实数据，由于测序平台、测序技术的不同，可能出现各种各样的问题，例如数据内部大量重复、样本被污染等问题，所以需要对这些数据进行一系列的预处理之后才可以进行下一步的分析与检测工作。测序数据的预处理主要有哪些步骤？每一步分别用到了什么工具？

5. 当从测序公司拿到原始数据，在开始数据分析之前，很重要的一步就是对数据进行评估，数据质量的好坏直接影响数据分析的结果。通过对原始数据的评估检查，我们可以了解测序数据的基本情况，从而在后期采取适当的处理。对数据质量进行评估有哪些作用？使用的是哪一款工具？

6. FastQC 适用于哪些操作系统，需要什么环境，如何安装？FastQC 的使用语法是什么，都包含哪些参数？FastQC 对数据的分析报告都包含哪些指标，这些指标分别代表什么含义？请在你的电脑上安装 FastQC，并选择一组真实数据进行分析，仿照本章 2.2.1 节内容，对获得的报告进行解读。

7. 对原始数据的质量进行分析后，如果发现该数据的质量不高，此时就需要对原始数据进行修剪和过滤，然后才能进行下一步的分析。本章介绍的是哪一款修剪工具？它主要有哪些功能？试一一列举。

8. 使用 Trimmomatic 需要什么环境，如何安装？其使用分为哪两种模式？在这两种模式下的运行命令分别是什么？通常的过滤是如何进行的？试安装 Trimmomatic，并根据习题 6 的结果对数据进行相应的修剪过滤。

9. 当测序数据经过基本质控处理后，就到了序列比对这一步，这个过程也被称为 mapping。所谓序列比对是指将测序得到的短片段重新比对到基因组上，以此来获取一些比对信息，后续的相关分析都必须基于比对结果才可以进行。本章介绍的是哪一款比对工具？它的功能是什么？

10. BWA 如何安装？使用 BWA 的步骤是什么？BWA 都有哪些常见的命令？其使用有哪两种模式？生成什么格式的文件？试安装 BWA，并根据习题 8 的结果进行序列比对。

11. 由于 BWA 的输出文件是 sam 格式的，因此需要一款能处理 sam 格式数据的工具。本章介绍的是哪一款可以处理 sam 文件的工具？它的主要功能有哪些？它有哪些优势？试一一列举。

12. Samtools 如何安装？有哪些常见的命令？其功能分别是什么？试安装 Samtools，并对习题 10 的输出结果进行处理。

第三章
拷贝数变异(CNV)检测的基本原理与方法

3.1　CNV 相关概念

现有研究表明，基因组变异与人类许多疾病的出现都有密切关系，其中最常见的突变类型之一便是拷贝数变异(CNV)，它是基因组发生重排导致的。人类是二倍体生物，即人类的每个体细胞中都有两个染色体组，其中每个染色体组都有 23 条染色体，如图 3.1 所示。

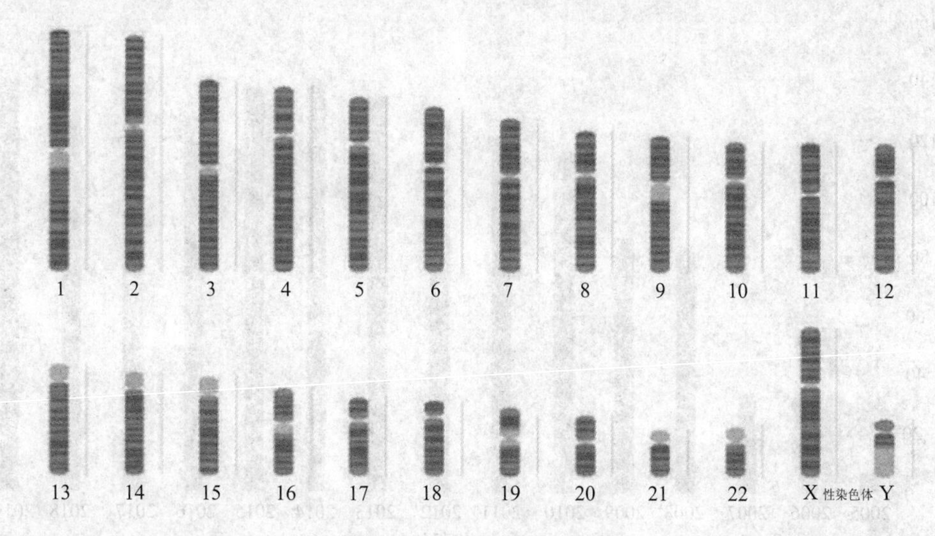

图 3.1　人类的 23 条染色体

CNV 是一种基因组结构变异(Structural Variation, SV)。根据变异的大小不同，结构变异可分为两个级别：显微水平(microscopic)和亚显微水平(submicroscopic)。显微水平的结构变异主要是指显微镜下可见的染色体畸变，包括整倍体或非整倍体的结构变异、缺失、插入、倒位、易位等。 亚显微水平的结构变异是指长度为 1 kbp～3 Mbp 的 DNA 片段的基因组结构变异，包括重复、重排、倒位、缺失、插入、DNA 拷贝数变化等。

在癌细胞中，CNV 通常会引起相应区域中基因的剂量变化，这会影响基因的正常功能。人们发现，CNV 在许多疾病中都扮演着重要的角色，例如糖尿病、自闭症、阿尔茨海默病、精神分裂症以及癌症。研究人员在研究 CNV 与癌症的关联上展开了大量的工作。众所周知，癌症是一种基因组疾病，引发癌症的基因变异主要是体细胞变异，而 CNV 是癌症中最重要的体细胞变异之一，因为致癌基因的激活通常都由染色体拷贝数扩增所导致，而肿瘤抑制基因的失活通常是由与突变相关的杂合性缺失或纯合性缺失导致的。因此，对 CNV 的检测可以在对癌症的预防和治疗改善中发挥重要的作用。

2004 年，在人类基因组上发现的“大尺度拷贝数多态”的研究成果几乎同时发表在 Nature Genetics 和 Science 杂志上。2006 年，Nature 等期刊有 4 篇学术文章都着力研究第一张人类基因组 CNV 图谱，文章表明，CNV 与人类疾病的关系十分紧密，并且发现 CNV 在人类基因组中十分常见。自此以后，科学界对 CNV 的研究越来越深入。

最近十几年来，权威文献数据库 PubMed 上关于染色体 CNV(主要为染色体微缺失及微重复类型)的报道迅速增加，如图 3.2 所示。

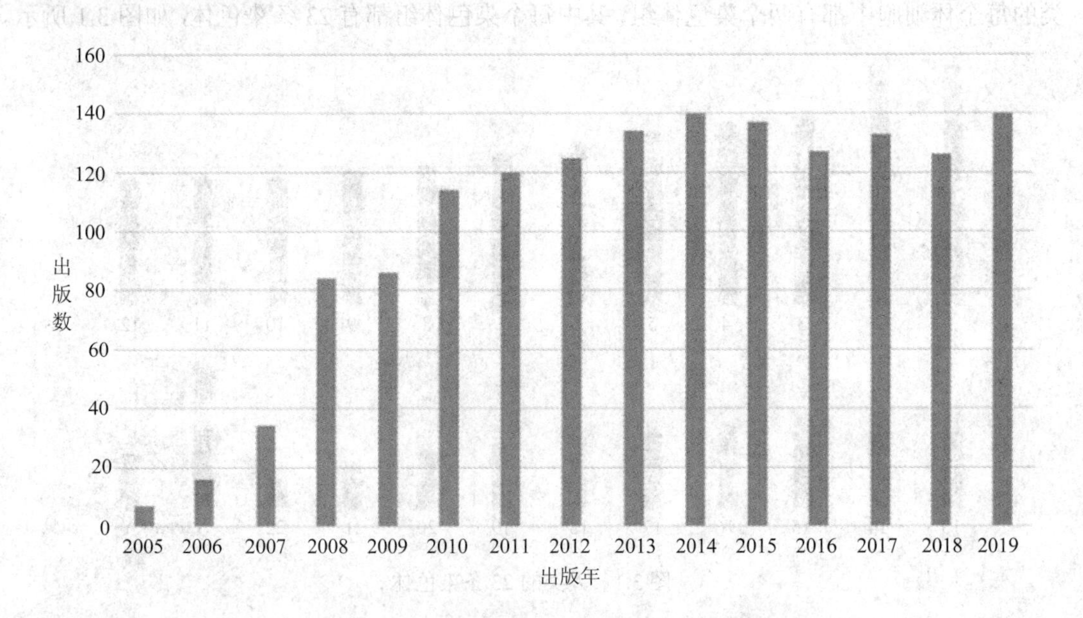

图 3.2　关于拷贝数变异文献发表数量趋势

近年来，由于第一代测序技术和第二代测序技术的全面使用，文献中报道的 CNV 数量越来越多。据统计，在基因组变异数据库(Database of Genomic Variants, DGV)中，已有数万个拷贝数变异位点被记录，这些 CNV 所覆盖的染色体范围高达人类全基因组的 20%以上。2012 年，Methods Mol Biol 发表综述性文章，系统而全面地揭示了已报道的染色体微缺失和微重复类型示意图(如图 3.3 所示)，其中每种类型至少被报道过两次。

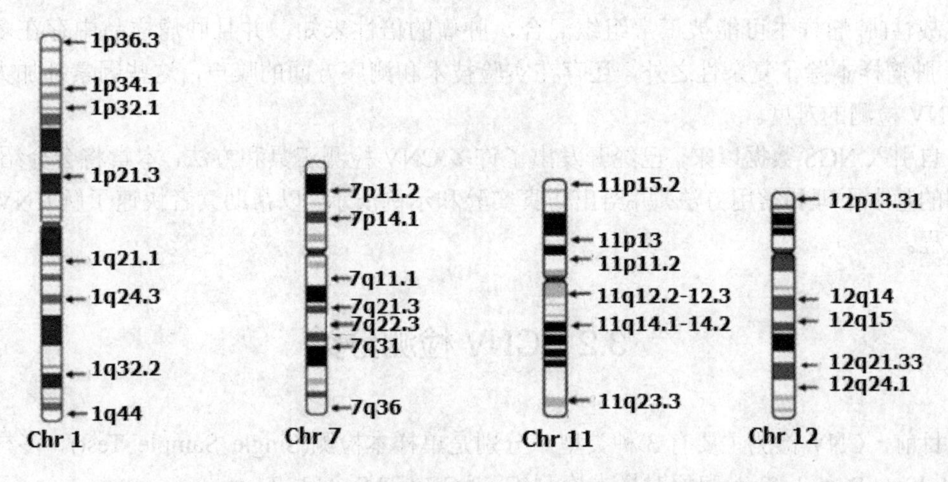

图 3.3　部分已报道的染色体变异类型

自 20 世纪 90 年代末以来，基于阵列的技术作为 CNV 检测的一种分析方法，由于具有价格可接受和分辨率相对较高的优点，已经得到广泛应用。然而，基于阵列的技术具有与杂交相关的局限性，会导致灵敏度和精确度的下降。第二代测序技术(NGS)，基本解决了基于阵列的技术的缺陷，因此迅速得到了广泛的应用。目前，NGS 数据主要有全基因组测序(WGS)和全外显子测序(Whole Exome Sequencing，WES)两种。其中，WGS 的使用范围最为全面，但也更为昂贵；WES 仅针对蛋白质编码区(外显子组，不到基因组的 2%)进行测序，价格低廉，因此成为 WGS 的一种替代方案。尽管 WES 存在一些技术上的问题，但它已经成为识别癌症临床相关变异最流行的技术之一。WES 使用较低的成本，可以提供较高的覆盖率和较简单的数据分析，这在有多个样本的情况下非常适合于临床应用。外显子组是人类基因组中功能高度丰富密集的子集，因此与非基因区相比，外显子组中的 CNV 是更可能引起疾病的变异。

目前，已经开发出了许多用于 WGS 数据进行 CNV 检测的工具，但是这些方法并不适用于 WES 数据，因为它们对读取分布和数据连续性的主要假设不成立。此外，WES 数据会由于杂交而引起偏差，这种偏差在 WGS 数据中不存在，在 CNV 检测方法中也不会考虑。另一方面，种系 CNV 和体细胞 CNV 在基因组上的总体覆盖范围和整个种群的频率上有很大的不同，因此也需要区别对待。体细胞 CNV 的特征在算法检测策略中需要特别考虑。通常，种系 CNV 仅覆盖基因组的一小部分(约 4%)，它们有更多的缺失，并且在不同人群中很常见。然而，体细胞 CNV 可以覆盖基因组的大部分范围，并且对于每个肿瘤都是独特的。正是由于这两种 CNV 特征上的差异，导致检测 CNV 的常用算法不能对这二者通用，只能侧重于其中一种。同时，由于肿瘤的异质性和复杂性，鉴定癌症中的体细胞 CNV 也非常具有挑战性(肿瘤样本可能被正常组织混合，肿瘤的倍性未知，并且肿瘤样品中存在多个克隆)。肿瘤样本除了复杂性之外，还存在实验技术和测序方面的噪声，这些因素都加大了癌症 CNV 检测的难度。

自引入 NGS 数据以来，已经开发出了许多 CNV 检测工具和方法，本章将会介绍 CNV 检测的基本原理和常用方法，并给出仿真实验和示例演示，以帮助读者快速了解 CNV 的检测过程。

3.2 CNV 检测分类

目前，CNV 检测主要有 3 种类型，分别是单样本检测(Single Sample Test)、多样本检测(Multiple Sample Test)和配对样本检测(Case-Control Sample Test)。

单样本检测指的是在检测过程中只涉及一个待检测样本和参考序列(对照组)。如果检测发现有与参考序列匹配不上的地方，则认为有发生 CNV 的可能性。

多样本检测是指在检测过程中涉及多个待检测样本。之所以提出这种检测分类，是因为研究人员发现多个患有同一种疾病的患者会出现一些相同的 CNV，也就是说，这些在不同个体中频繁出现的 CNV(通常将这种 CNV 称作 recurrent CNV，即复发 CNV)更有可能是致病 CNV。因此，在检测时采取多样本检测，通过样本间的对照有助于发现复发 CNV。但是，现阶段研究发现，那些仅在个体基因组上发生的 CNV(通常将这种 CNV 称作 individual CNV，即个体 CNV)在致病机理中也会起到不同程度的作用，因此对于个体 CNV 的研究也在不断开展。

配对样本检测是指在检测过程中，待检测样本(case 样本)有两个对照样本，其中一个是人类标准基因组参考序列，另一个则是特定的对照样本(control 样本)，这个对照样本可以来自患者健康的亲属，也可以来自患者身体的健康细胞。由于二者之间基因的相似度极高，因此这种实验设计可以更快地检测出致病 CNV。

3.3 CNV 检测基本原理

虽然 CNV 检测的工具有很多，但实际上归纳起来，基于 NGS 数据的变异检测算法并不多。总的来说主要有 4 种策略和方法，分别是配对末端图谱法(Paired End Mapping，PEM)、分裂读段法(Split Read，SR)、读段深度法(Read Depth，RD)和从头组装法(de novo ASsembly，AS)。

在 RD 方法中，大多数情况下，将被分析的基因组序列划分成长度相等但不重叠的窗口，计算每个窗口中映射的读段数量，然后根据不同窗口读段数量的差异性检测 CNV。由于测序技术的不断进步及测序成本的不断下降，越来越多的高覆盖率 NGS 数据可供使用，因此，基于 RD 的方法最近已成为识别 CNV 的主要方法之一。

PEM 方法应用于双末端 NGS 数据，主要利用配对读段之间的比对距离来识别基因组异常。在双末端测序数据中，可以从基因组片段的两端进行读取，一对双末端读段之间的距离可作为基因组 CNV 检测的指标之一。当距离与预定的平均插入片段大小明显不同时，暗示着有 CNV 存在的可能。PEM 方法更多地用于识别其他类型的结构变异(除 CNV 以外)，例如倒转和易位。

在 AS 方法中，首先连接重叠的短读段来组装基因组区域，再通过比较组装后的读段群与参考基因组来检测 CNV 区域。在这种方法中，短读不与参考基因组比对。由于在 WES 中，靶向的区域是外显子区域，它们在整个基因组中非常短且不连续，因此，用于识别 CNV 的 PE 方法不适用于 WES 数据。同样，WES 数据的高覆盖范围使 RD 方法更加实用。因此，所有用于 WES 的 CNV 检测工具都基于 RD 方法。

通常，RD 方法包括两个主要步骤：预处理和分割。输入数据以 bam、sam 或 Stackupformats 中的短读段对齐为主。在预处理步骤中，消除或减少了 WGS 数据的偏差和噪声，归一化和降噪算法是此步骤的主要组成部分。在分割步骤中，使用统计方法来合并具有相似读段数的区域以估计 CNV 片段。最常用的统计分割方法是环形二元分割(Circle Binary Split，CBS)和隐马尔可夫模型(Hidden Markov Model，HMM)。其中，CBS 方法通过迭代递归过程寻找基因组断点，将被分析的基因组划分成一定数量的片段，每个片段内位点的拷贝数相同；HMM 方法根据窗口读段数预测的状态(即扩增、缺失及正常)将窗口分类，并将相邻的同类型窗口合并，从而达到检测 CNV 的目的。尽管已引入其他统计方法来从 WGS 数据检测 CNV，但环形二元分割方法和隐马尔可夫模型仍然是当前 CNV 检测工具中用于 WES 数据的最常用方法。

3.3.1　配对末端图谱法

配对末端图谱法(PEM)的思想描述为：图 3.4 示意了 PE 测序的两条读段(通常称为 R1 和 R2)。两条读段来自同一个序列片段，因此，R1 和 R2 之间存在着客观的物理关联，它们之间的距离——图中插入序列片段(通常称为插入片段)的长度，称为插入片段长度

(Insert Size)。一般来说，无法直接获得每一对读段(R1 和 R2)之间真实的插入片段长度，但通过序列比对，计算读段之间比对位置上的距离可以间接获得插入片段长度。

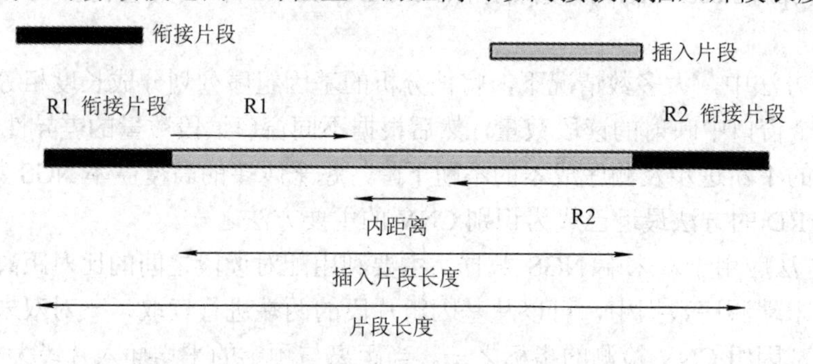

图 3.4　PE 测序示意图

插入片段长度的分布是 PEM 方法进行变异检测的一个关键信息。在测序之前，需要先用超声或酶切的方法将原始的 DNA 序列进行打断处理，然后再挑选某一个长度(如 400 bp)的 DNA 片段来上机测序。在这个过程中，最理想的情况是挑选的序列长度相等，但这客观上是不可能的。事实上，最后得到的片段长度通常都会围绕某个期望值(如 400 bp)上下波动。可以把这些按照比对位置计算获得的插入片段长度提取出来做个分布图，如图 3.5 所示。

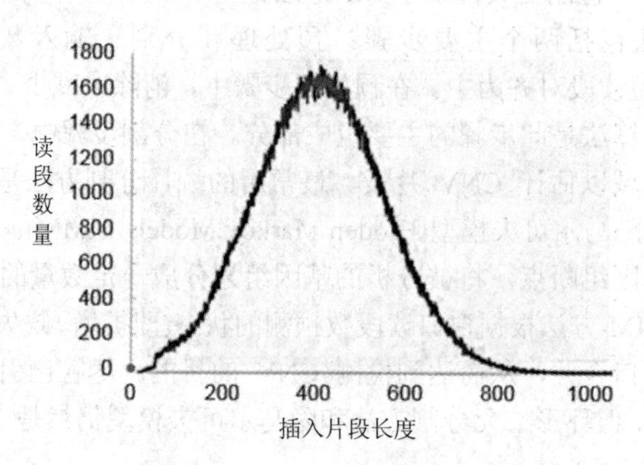

图 3.5　DNA 片段长度分布

图 3.5 所示的 DNA 片段长度分布为正态分布。由于基因组上只有少数序列存在变异，所以这个分布本身即可反映插入片段长度在绝大多数情况下的真实分布情形，那些小部分不能反映真实情况(偏离分布中心的片段长度)的序列就有可能发生 CNV。这是因为，如果插入片段长度异常，则组成 R1 和 R2 的序列片段与参考基因组相比存在着序列上的变异。例如，如果计算出来的插入片段长度与正态分布的中心相比大了 200 bp (假设这

个 200 bp 大于 3 个标准差)，就意味着参考基因组比 R1 和 R2 所在的片段长 200 bp。通过类似的方式可以发现，R1 和 R2 所在的序列片段相比参考基因组而言发生了 200 bp 的删除(Deletion)。

PEM 检测的范围比较广，但其存在以下不足之处：

第一，对于删除片段的检测，由于要求插入片段长度的变化要具有统计意义上的显著性，所以它所能检测到的片段长度就会受插入片段长度标准差(Standard Deviation，SD)的影响。简单来说，越大的序列删除越偏离正常的长度中心，也越容易被检测到。PEM 方法对于较大长度的删除片段(通常大于 1 kbp)的检测比较敏感，准确性也高，而对于 50 bp～200 bp 的变异，由于基本还处于 2 倍标准差以内，在统计检验上其变化就显得不那么显著，所以这个范围通常就成了一个检测暗区。

第二，PEM 所能检测的插入序列长度无法超过插入片段的长度。如果插入序列很长，比如整个插入片段都是插入序列，那么 R1 和 R2 无法比对到参考基因组上，那么在基因组上就无法找到相关信号。同时，插入片段长度的标准差也限制了插入序列的检测精度。

3.3.2　分裂读段法

分裂读段法(SR)的核心是对非正常 PE 比对数据的利用。这里将其与上文 PEM 中提到的非正常 PE 比对做个区分。PEM 中的非正常比对，通常是指 R1 和 R2 在距离或者位置关系上存在着不正常的情形，而它的一对 PE 读段都是能够“无伤”地进行比对的。但 SR 中的非正常比对，一般指这两条 PE 读段中有一条能够正常比对上参考基因组，而另一条却比对不上。此时，比对软件(如 BWA)会利用更为宽松的 Smith-Waterman 局部比对方法，尝试在插入片段长度的波动范围内搜索未正常比对的读段可能会比对上的位置。如果这条读段的部分序列可以比对上，则比对软件会把能比对上的序列标记出来，不能比对上的读段序列依旧保留在原读段中，这一过程称作软切除(soft clip)。但这个过程会导致多次切除再比对的情况，因此会出现一条读段有很多个 soft clip 的比对结果(这个不是指多比对，而是多次切除)，而发生这些情况的读段需要使用 SR 方法处理。soft clip 保留原序列的方式对于后续应用 SR 很重要，因为后续的操作往往不会只是依赖原有 BWA 的比对结果，而是会对这条读段进行重新局部比对(如果没有保留原序列，那么信息的丢失就会导致大量的假阴情况)。

图 3.6 所示为利用 SR 方法进行 CNV 检测的示意图，其中矩形框出来的部分就是被分离出来并重新比对的序列。

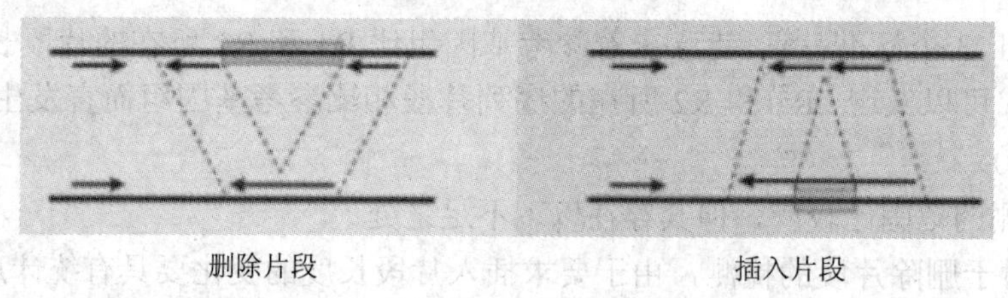

图 3.6　SR 方法检测 CNV 示意图

SR 检测 CNV 的基本原理是：在比对过程中，如果有一条读段不能正常比对，则将这条读段切成 2 段或者 3 段。用户需要提前设置最大删除片段长度，然后软件按照这一设置进行重新比对，并获得最终的比对结果，而利用 soft clip 的结果可以确定断点的位置。

SR 和 PEM 有一个共同之处，即利用比对的方向判定相关的变异，虽然两种方法的检测方式有区别，但所检测到的变异是存在重叠和互补关系的。SR 的一个优势在于，它所检测到的 CNV 断点能精确到单个碱基，缺点在于它要求测序的读段要足够长才能体现其优势，如果读段太短，则许多变异会被漏检。

3.3.3　读段深度法

读段深度法(RD)是目前实现 CNV 检测的主要方法，其思想是通过基因组窗口读段数的统计分析进行 CNV 检测。由于测序过程中，DNA 片段的选取具有随机性，且选取数量是依据预先设定的测序深度而定的，因此在测序读段量充分大的情况下，基因窗口读段数往往呈现泊松分布，如图 3.7 所示。

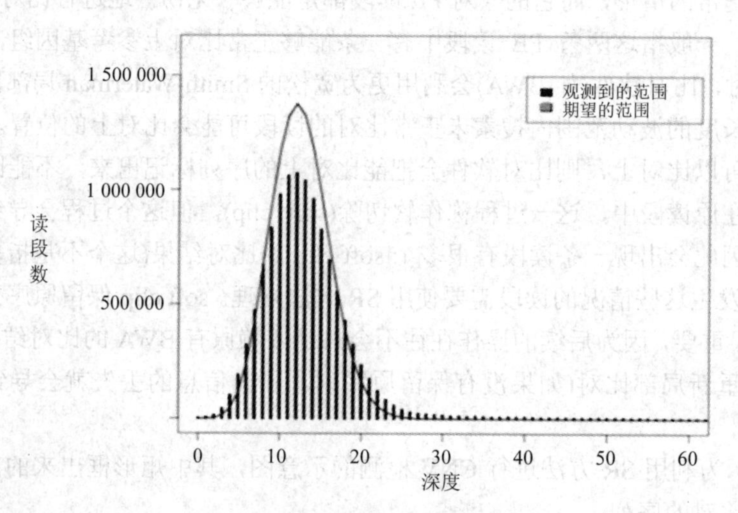

图 3.7　基因组读段数分布示意图

利用读段深度法检测 CNV 有两种策略：如果染色体的某一段存在 CNV，则该段对应的读段深度也会相应变化，第一种策略正是基于这种思想实现 CNV 的检测的，这类方法适用于单样本检测，相对来说使用也更广泛；第二种策略则是通过将一个变异样本和一个正常样本同时与参考基因组进行比对，比较两种样本发生 CNV 的差异，以此来发现彼此相对的 CNV，这种策略适用于病例对照模型。研究表明，RD 方法用于检测 CNV 是十分有效的。

3.3.4　从头组装法

CNV 检测最大的难点在于读段太短，在比对时无法横跨基因组重复区域，在碰到大的扩增序列时一条读段无法覆盖该序列。针对这一难点，研究人员便提出增加读段长度这一想法。

目前，增加读段长度的方法主要有两种：三代长读段测序法和从头组装法(AS)。这两种方法各有各的优势和不足，比如，三代长读段测序法错误率高并且对 Indel(Insertion and deletion，小的插入与缺失)错误的引入会带来比较大的纠错成本，而从头组装法则对读段数据量有比较高的要求，而且组装重复区域也存在很多困难。

除了上述问题，序列组装依旧存在挑战，其主要原因在于基因组存在序列重复和序列杂合的现象，这两种现象会严重影响序列组装的最终质量，因此很大程度上影响了序列组装方法在变异检测中的应用。

3.4　CNV 实验仿真

3.4.1　典型的仿真方法

实验时，需要对采用的方法进行评估，这需要用仿真数据来衡量。仿真数据可以由数据模拟工具产生，其中使用较多的是 ART、SinC 和 INTSIM。下面介绍数据模拟软件 ART。

ART 是 2012 年发表在 Bioinformatics 上的软件，目前被引次数已经高达四百多次。ART 的功能十分齐全，它不仅可以模拟生成三大主流二代测序平台 Illumina’s Solexa、Roche’s 454 和 Applied Biosystems’ SOLiD 的单端和双端读段数据，还可以对序列比对、无参组装、call SNP 等进行打分。ART 的编程语言是 C++，同时内置了 Perl 脚本，效率极高，也因此被千人基因组计划用作主要的数据模拟工具，但目前并不支持多线程。ART 软件可以输出 FASTQ、alignments in the ALN format、sam 等格式的文件，也可以通过内置的脚本将 ALN 格式转换成 BED 格式。

目前，ART 可以在 Linux\Macos\Windows 系统下使用，可以在其官方网址(https://www.niehs.nih.gov/research/resources/software/biostatistics/art/)下载最新的 Linux 版本，下载后解压缩即可直接使用 ART 内置的程序。

下面介绍 ART 的使用方法和参数，首先给出生成 Illumina 测序平台仿真数据的操作。

```
//生成 Single-end reads (单端读段)
    art_illumina [options] -i <INPUT_SEQ_FILE> -l <READ_LEN> -f <FOLD_COVERAGE>
  -o <OUTPUT_FILE_PREFIX>
```

```
    Example:
      art_illumina -sam -i seq_reference.fa -l 50 -f 10 -o ./outdir/dat_single_end
```

```
//生成 Paired-end reads (双端读段)
    art_illumina [options] -i <INPUT_SEQ_FILE> -l <READ_LEN> -f <FOLD_COVERAGE>
-o <OUTPUT_FILE_PREFIX> -m <MEAN_FRAG_LEN> -s <STD_DE>
```

```
Example:
      art_illumina -p -sam -i seq_reference.fa -l 50 -f 20 -m 200 -s 10 -o d./outdir/dat_paired_end
```

```
//生成 Mate-pair reads (配对读段)
    art_illumina [options] -i <INPUT_SEQ_FILE> -l <READ_LEN> -f <FOLD_COVERAGE>
-o <OUTPUT_FILE_PREFIX> -m <MEAN_FRAG_LEN> -s <STD_DE>
```

```
    Example:
      art_illumina -mp -sam -i seq_reference.fa -l 50 -f 20 -m 2050 -s 50 -o
d./outdir/dat_paired_end
```

下面是生成 454 测序平台的仿真测序数据，与 Illumina 平台的操作类似。

```
//生成 Single-end reads (单端读段)
  art_454 [ -s ] [ -p read_profile ]
<INPUT_SEQ_FILE><OUTPUT_FILE_PREFIX><FOLD_COVERAGE>
```

```
  Example:
   art_454 seq_reference.fa ./outdir/dat_single_end 20
```

```
//生成 Paired-end reads (双端读段)
    art_454 [ -s ] [ -p read_profile ]
<INPUT_SEQ_FILE><OUTPUT_FILE_PREFIX><FOLD_COVERAGE><MEAN_FRAG_LEN><STD_DE>

    Example:
     art_454 seq_reference.fa ./outdir/dat_paired_end 20 500 20
```

最后是 SOLiD 测序平台的数据。

```
//生成 Single-end reads (单端读段)
    art_SOLiD [ -s ] [ -p read_profile ]
<INPUT_SEQ_FILE><OUTPUT_FILE_PREFIX><READ_LEN><FOLD_COVERAGE>

    Example:
     art_SOLiD -s seq_reference.fa ./outdir/dat_single_end 32 10

//生成 Paired-end reads (双端读段)
    art_SOLiD [ -s ] [ -p read_profile ]
<INPUT_SEQ_FILE><OUTPUT_FILE_PREFIX><READ_LEN><FOLD_COVERAGE><MEAN_FRAG_LEN><STD_DE>

    Example:
     art_SOLiD seq_reference.fa ./outdir/dat_paired_end 25 10 500 20
```

目前，最常用的是 Illumina 测序平台的数据，而且参数也最多，下面用示例来解释其参数的含义。

```
./art_illumina -ss HS25 -i chr21.fa -o ./paired_end -l 150 -f 10 -p -m 500 -s 10 -sam
```

./art_illumina：运行的程序。

-ss：后面是用于仿真的内置配置文件 Illumina 测序系统的名称，Illumina 在不同平台有不同的固定表示，具体如下所示，其中 HS25 是目前比较常见的表示方法。

- GA1—GenomeAnalyzer Ⅰ(36 bp, 44 bp)；
- GA2—GenomeAnalyzer Ⅱ(50 bp, 75 bp)；
- HS10—HiSeq 1000 (100 bp)；
- HS20—HiSeq 2000 (100 bp)；

- HS25—HiSeq 2500 (125 bp, 150 bp)；
- HSXn—HiSeqX PCR free (150 bp)；
- HSXt—HiSeqX TruSeq (150 bp)；
- MinS—MiniSeq TruSeq (50 bp)；
- MSv1—MiSeq v1 (250 bp)；
- MSv3—MiSeq v3 (250 bp)；
- NS50—NextSeq500 v2 (75 bp)。

-i：后面是输入的参考基因组。

-o：后面是输出文件的前缀。

-l：后面是双端数据的长度，这里为 150 bp。

-f：后面是输出数据的覆盖度，这里是 10 X。

-p：表示输出的数据是 paired-end 数据，如果-m 后面的值大于等于 2000，则自动转化为 mate-pair 数据。

-m：后面是 paired-end 片段的大小。

-s：后面是-m 片段的偏差。

-sam：表示同时生成.sam 文件。

-ef：加参数-ef 可以使输出的数据模拟没有错误值，是否添加参数-ef 依具体需求而定。

以上是 ART 软件的相关介绍，使用时常常用不到这么多参数，要根据自己的需要设置参数，其他不用的参数设为默认值即可。如果想生成给定肿瘤纯度配置的仿真数据，则要用到接下来介绍的另一个工具——seqtk，它可以对 FASTQ 文件进行很多操作。下面介绍部分 seqtk 的用法。

(1) seqtk 的 sample 模块可以按给定比例抽取原序列，命令如下：

```
Usage: seqtk sample [-2] [-s seed=11] <in.fa><frac>|<number>
```

随机抽取序列，命令如下：

```
seqtk sample input.fq frac > out.fq
Options: -s INT        RNDOM seed [11] #设置随机种子，默认为 11
         -2            2-passmode: twice as slow but with much reduced memory#占用更大的内存
```

(2) seqtk 的 comp 模块可以得到 FASTQ/FASTA 文件的碱基组成，命令如下：

```
seqtk comp chr21.fa > out.txt
```

其中，out.txt 的内容为：

```
chr21    14    6    6    1    1    0    0    0    0    0    0
```

第一列为序列的名字；第二列为序列长度；第 3～6 列代表在该序列中 A、C、G、T 4 种碱基的数目。用这个程序可以快速得到每条序列的长度。

(3) seqtk 的 seq 模块-A 参数可以将 FASTQ 文件强制转换成 FASTA 文件，命令如下：

```
seqtk seq -A input.fq  > output.fa
```

使用该工具就可以将由 ART 得到的 FASTQ 文件进行按比例抽取，然后使用 cat 命令将两个提取得到的 FASTQ 文件(A 和 B)合并，由此即可得到给定肿瘤纯度的仿真数据，具体操作步骤在 3.4.2 小节详细介绍。

3.4.2　仿真实验与具体操作步骤

1. CNV-LOF 方法

CNV-LOF(Copy Number Variation-Local Outlier Factor)方法是一种基于密度的异常点检测方法。从聚集角度上看，拷贝数异常点离正常点通常都有一定的距离，所以可以利用局部异常点检测算法检测拷贝数变异区域。该方法的检测流程大概可以分为 5 步：数据预处理、数据平滑与分割、规范化数据、计算异常因子、判断是否发生了变异及变异类型。下文对每一步进行详细介绍。

1) 数据预处理

首先，采用 BWA 算法将 FASTQ 文件与对应染色体的 FASTA 文件进行比对，然后使用 Samtools 工具和 Python 的 pysam 模块提取比对结果的读段数量信息。这些步骤都与本书第 3.3 节的处理步骤相同。在得到读段信息后，将参考序列中的 N 移除，这是因为 N 是未确定的碱基类型，其相应的读段数往往为 0。

接下来对 GC-bias 进行处理。测序过程中涉及 PCR 扩增，在这个过程中会对碱基进行加热，而 G 和 C 对温度敏感，会迅速扩增，由此导致序列中 GC 的含量偏高，所以需要对该问题进行处理。需要注意的是，检测 CNV 是以窗口(bin)为单位进行的，一个 bin 大概为 1000 bp。根据 $r_m = \frac{\overline{r}}{\overline{r}_{\mathrm{GC}}} \cdot \tilde{r}_m$ 的值(r_m 表示第 m 个 bin 更正 GC 偏置以后的读深；$\tilde{r}_m$ 表示第 m 个 bin 更正 GC 偏置之前的读深；$\overline{r}$ 表示所有 bin 的平均读深；$\overline{r}_{\mathrm{GC}}$ 表示与第 m 个 bin 的 GC 含量相差小于 0.001 的 bin 的平均读深)，可以实现对 GC-bias 的更正。

2) 数据平滑与分割

相邻碱基的拷贝数往往存在内在关联性，利用这一特点，对数据进行平滑和分割处理，就可以得到位点关联性紧密的基因组片段(seg)。这种处理方式不仅可以减少计算量，也有利于提高结果的可靠性。在本检测算法中，采用的是环形二元分割(CBS)算法。若使用该算法对全局的数据进行分割，则会导致某些局部发生变异的 bin 被其周围的 bin 平滑掉，最终导致检测结果不准确。因此，可将整个基因组分成连续且不重叠的 N 个区域，这里，N 作为一个参数可以进行调整，然后对每一个区域执行 CBS 算法，实现数据的平滑处理。

3) 规范化数据

在这一步之前，已经获得了全局每个 seg 的读深。值得注意的是，在数据平滑与分割前，数据是以 bin 为单位进行统计的，在此之后统计的单位为 seg，即将全部基因分割成多个 seg。然后，将每个 seg 的下标(1，2，3，4，…)作为第一维数据，将每个 seg 的读深作为第二维数据。由于第一维数据比第二维数据大很多，所以，为了平衡每个特征的权重，将第一维数据缩放到第二维的范围内，即将矩形数据集转化为方形数据集。

4) 计算异常因子

得到方形数据集后就可以对该数据集采用 LOF 算法，下面介绍该算法中的几个概念。

(1) k-distance。如果要求点 s 的 k-distance，那么计算方法为 k-distance(s)=d(s,o)，其中，d(s,o)表示 s 与 o 的欧氏距离，o 是距离 s 第 k 近的点。

(2) 可达距离。点 s 到点 o 的第 k 可达距离定义为：reach-distance(s,o) = max(k-distance(s), d(s,o))，即点 s 到点 o 的可达距离至少是点 s 的第 k 距离，这意味着对于离点 s 最近的 k 个点，点 s 与它们的可达距离被认为相等，且都等于 k-distance(s)。

(3) 局部可达密度。点 s 的局部可达密度等于 k-distance(s)范围内点的个数与这些点到点 s 的距离之和的比值。局部可达密度越小的点，越有可能是离群点，也就是异常点。

(4) 异常因子。由第(3)步计算得到所有点的局部可达密度，那么点 s 的异常因子等于点 s 的 k 邻近点的平均局部可达密度与点 s 的局部可达密度的比值。这样得到所有点的异常因子，由其定义可知，异常因子值越高的点，越有可能是异常点。

5) 判断是否变异及变异类型

得到了所有点的异常因子，将其作为统计量来判断发生了变异的点(这里，每个点对应一个 seg)。为了得到合理且可靠的结果，对异常因子进行了统计分析。由于异常因子的分布不易确定，因此采用箱形图进行分析。因为异常因子值越高的点，越有可能是异常点，所以将箱形图上分位点作为阈值，最终确定哪些点是异常点，最后根据异常点的读深进一步确定 CNV 的类型(即扩增或缺失)。

2. CNV-IFTV 方法

另一种经典的 CNV 检测方法为 CNV-IFTV(Copy Number Variation-Isolation Forest and Total Variation)。该方法是基于孤立森林(Isolation Forest)算法构建的，孤立森林算法基于“异常点是孤立的”思想，递归地对数据空间进行切割来构造森林中的树，异常点在森林中更容易被访问到。孤立森林算法是一种适用于连续数据的非参数检验的无监督算法，使用该方法可以得到样本的异常分数，再将异常分数放入全变分(Total Variation)模型，通过对异常分数进行平滑去噪可以得到合理可靠的异常分数。然后，对这些异常分数作 Gamma 分布，并使用最大似然估计法估计该分布的参数，得到每一个异常分数的 p 值，依据给定的显著性水平阈值(一般是 0.01)判断是否存在拷贝数变异。整个过程大体分为 4 步：数据预处理→用孤立森林算法计算异常分数→用全变分模型平滑异常分数→估计显著性并判断变异类型。以下对每一步进行详细介绍。

1) 数据预处理

这一步和 CNV-LOF 方法的前期预处理步骤基本相同。用 Samtools 工具提取序列的有效信息，对参考基因组中的 N 进行处理并更正 GC-bias。不同的是，CNV-IFTV 方法还使用 Samtools 工具提取了比对错误的读段数量，记为 r_e，并计算平均值。随后，根据 $r_m = \dfrac{\bar{r} - r_e}{\bar{r}_{GC} - r_e} \cdot \tilde{r}_m$ 的值更正 GC-bias 导致的错误。其中 r_m 表示第 m 个 bin 更正 GC 偏置之后的读深；$\tilde{r}_m$ 表示第 m 个 bin 更正 GC 偏置之前的读深；$\bar{r}$ 表示所有 bin 的平均读深；r_e 表示整个基因组错配的读段数量平均值；$\bar{r}_{GC}$ 表示与第 m 个 bin 的 GC 含量相似(差异性不超过 0.001)的 bin 的平均读深。

2) 用孤立森林算法计算异常分数

这一过程涉及两个概念：孤立树和样本点 x 在孤立树中的路径长度 $h(x)$。

(1) 孤立树。若 T 为孤立树的一个节点，则 T 存在两种情况：没有子节点的外部节点，有两个子节点(Tl, Tr)和一个节点本身的内部节点。节点本身由一个 q 属性和一个分割点 p 组成，q<p 的点属于 Tl，反之属于 Tr。

(2) 样本点 x 在孤立树中的路径长度 $h(x)$。样本点 x 从 iTree 的根节点到叶子节点经过的边的数量即为样本点 x 在孤立树中的路径长度 $h(x)$。

用孤立森林算法计算异常分数分为两个阶段，即孤立树训练阶段和测试阶段。

(1) 孤立树训练阶段：基于训练集的子样本构造孤立树。iTree 是通过对训练集的递归分隔来建立的，直到所有的样本被孤立，或者孤立树达到了指定的高度。

(2) 测试阶段：用孤立树为每个样本计算异常分数。每一个测试样本的异常分数都由期望路径长度 $E(h(x))$得到，$E(h(x))$是将样本通过孤立森林中的每一棵树得到的，算法如图

3.8 所示，由此可以得到每个 bin 的异常分数。

算法 1：训练 N_t iTrees 的 iForest 算法

1：对基因组中的 N_n bins 进行子采样；

2：执行算法 2，训练一个 iTrees；

3：重复步骤 1 和 2，直到 N_t iTrees 训练完成。

算法 2：训练 N_t iTrees 的 iForest 算法，X={所有的 $N_n$bins}

1：设 Q 为 X 中 RD 值的列表；

2：随机选择一个值 q∈ [min(Q), max(Q)]作为根或者子根，

并将 X 分为根或子根的左右两边：

$Xl=\{x|x\in X\wedge Q(x)<q\}$

$Xr=\{x|x\in X\wedge Q(x)\geqslant q\}$

式中 Q(x)表示 x 的 RD 值；

3：令 X=Xl 或者 X=Xr；

4：重复步骤 1～3，直到|X|≤1。

图 3.8　孤立森林算法

3) 用全变分模型平滑异常分数

由于拷贝数在相邻位置存在固有的关联性，所以有必要对得到的异常分数进行平滑处理，这个过程可以有效地去噪。全变分模型的平滑公式如下：

$$\min_{s'\in R^{N_b}}\frac{1}{2}\sum_{m=1}^{N_b}\| s(m)-s'(m)\| +\lambda\sum_{m=1}^{N_b-1}| s'(m+1)-s'(m)| \tag{3.1}$$

其中，N_b 代表整个基因组所有的 bin 的个数。公式(3.1)的前半部分代表异常分数 $s(m)$与去噪分数 $s'(m)$的拟合误差，后半部分代表全变分的 L1 范数。λ作为一个惩罚参数，可以根据数据进行适当调整，它代表的是 bin 之间的关联性。如果λ设置为 0，则相关性可以忽略不计；如果λ非常大，则所有 bin 之间的去噪分数不会有差异。

4) 估计显著性并判断变异类型

对平滑的异常分数进行统计检验。首先假设异常分数服从 Gamma 分布，然后对其参数进行最大似然估计，从而可计算出每个异常分数的 p 值，根据 p 值判断其是否发生变异。针对变异区域，根据其读深确定变异类型。

本章习题

1. 据 Hurles 研究估计，CNV 至少占到基因组的 12%，已成为基因组多态性的又一重要来源。简述 CNV 的历史发展过程。

2. 简述拷贝数变异的基本概念。

3.【多选】拷贝数变异的类型包括(　　)。

A. 缺失　　B. 插入　　C. 倒位

D. 复制　　E. 单个碱基变异

4. 拷贝数变异属于哪种类型的变异？根据大小可分为哪两种层次？简述两种层次分别指什么，并举例说明。

5. 为什么 CNV 检测可以对癌症的预防和治疗发挥重要的作用？

6. 最近十几年来，权威文献数据库 PubMed 上关于染色体拷贝数变异(主要为染色体微缺失及微重复类型)的报道迅速增加。谈一谈你了解的有关拷贝数变异的最新研究。

7. 简述拷贝数变异检测的分析方法，并且说明它们的优缺点。

8. NGS 技术在 CNV 检测和人类疾病研究中的主要策略有哪些？试分别描述。

9. CNV 检测主要有哪三种类型？试对每种检测类型做一个简单的介绍。

10. 基于 NGS 数据的变异检测算法主要有＿＿＿＿＿＿、＿＿＿＿＿＿、＿＿＿＿＿＿、＿＿＿＿＿＿。

11. 阐述配对末端图谱法的主要思想，并简单描述这种方法有什么优缺点。

12. 阐述分离读段法的主要思想，并简单描述这种方法有什么优缺点。

13. 阐述读段深度法的主要思想，并简单描述这种方法有什么优缺点。

14. 阐述从头组装法的主要思想，并简单描述这种方法有什么优缺点。

15. 下载并使用数据模拟软件 ART，制作出合适的仿真数据。

16. ART 软件的输出格式有哪些？列出其中 3 种。

17. 尝试使用 ART 软件实现序列比对以及无参组装。

18. 下载并使用 seqtk 工具，实现以下功能：

(1) 截取数据并且保证数据的随机性。

(2) 将 FASTQ 文件转换为 FASTA 文件。

(3) 实现 Illumina 质量值的转换。

(4) 根据 bed 文件信息，将固定区域序列提取出来。

(5) 根据 bed 文件信息，将固定区域序列转换为小写字母。

(6) 切除读段序列的前 5 bp 和后面 10 bp。

19. 简要阐述 CNV-LOF 方法及该方法的主要流程。

20. 使用 BWA 算法，将 FASTQ 文件与对应染色体的 FASTA 文件进行比对，然后使用 Samtools 工具和 Python 的 pysam 模块提取比对结果的读深信息。

21. 数据的平滑与分割采用什么算法？简述该算法流程。

22. 简述如何对数据做规范化处理。

23. 如何计算异常因子？

24. 如何判断序列是否变异及其变异类型？

25. 简要阐述 CNV-IFTV 方法，并说出该方法的主要流程。

26. 对比 CNV-LOF 方法和 CNV-IFTV 方法。简述 CNV 检测方法应如何选择？

27. 什么是孤立森林算法，简述如何用孤立森林算法计算异常分数。

28. 为什么要对得到的异常分数进行合并平滑？

29. 简述 CNV-LOF 方法和 CNV-IFTV 方法中数据预处理部分的区别。

第四章 单位点变异检测

4.1 单位点变异的基本概念

单位点变异又称单核苷酸变异，指基因组 DNA 序列某一位置的单个碱基发生变化。单位点变异分为单核苷酸多态性(Single Nucleotide Polymorphism，SNP)和单核苷酸变异(Single Nucleotide Variants, SNV)，是癌症中最常见的两种单位点变异类型。癌症产生的因素往往复杂多样，但基因突变是造成癌细胞发生与发展的根本原因，其中生殖细胞突变与癌症疾病的遗传息息相关，而体细胞突变则被认为是癌症后天发展的主要因素之一。

4.2 单位点变异的分类

4.2.1 单核苷酸多态性

单核苷酸多态性(SNP)是指在物种基因组序列的某一个位置发生了单个碱基的变异，使蛋白质表达发生了变化，从而导致了生物的多态性。过去，人们认为，同一物种应该有一套相同的标准 DNA 序列，所有和这个标准不一样的 DNA 序列叫做突变。然而事实上，即使是同种生物的 DNA 序列，也有着不一样的地方，这种不一样就叫多态性(Polymorphism)。若是单个碱基不同，则称为单核苷酸多态性(SNP)。绝大多数的 SNP 是遗传获得的，其中一小部分还和某些疾病有关系，但从源头上来说，SNP 都是由祖先身上发生过的点突变遗传给后代的，所以单核苷酸多态性是人类遗传病研究的重要依据。

4.2.2 单核苷酸变异

单核苷酸变异(SNV)是不受遗传频率限制的变异，它在体细胞中产生。在研究癌症基因组变异时，相对于正常组织，癌症中特异的单核苷酸变异是一种体细胞突变(Somatic Mutation)，即所说的单核苷酸位点变异(SNV)。

图 4.1 所示为单核苷酸变异的一种情况，这里发生的变异是单核苷酸替换(T 变成了 C，即 C 替换了 T)。

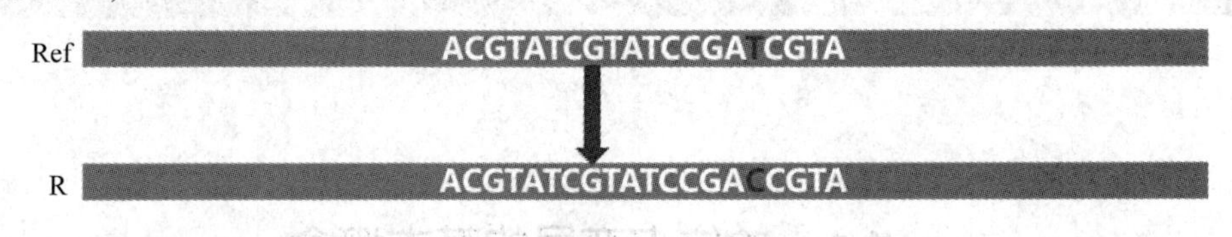

图 4.1 单核苷酸替换

4.2.3 SNP 和 SNV 的区别

为了深入了解 SNV 和 SNP 的区别，本小节从数据层面及生物层面分别对二者进行阐述。

1) 数据层面

假设存在正常样本(Normal Sample)、配对的肿瘤样本(Tumor Sample)以及参考序列(Reference Genome)这些数据，SNP 指的是正常样本的基因型与配对的肿瘤样本的基因型相同，但不同于参考序列的基因型。比如，参考序列的基因型是 AA(表示纯合子，两条等位基因都和参考序列一致)，但正常样本和配对的肿瘤样本的基因型是 BB 或是 AB(AB 表示杂合子，即只有一条等位基因发生突变，另一条等位基因和参考序列一致；BB 表示纯合子，表示两条等位基因都发生了突变)，即正常样本和配对的肿瘤样本都发生了基因突变。

对于基因组上发生的 SNV，其基因型在肿瘤样本中与参考序列中不同，而在配对的正常样本中与参考序列中相同，即正常样本和参考序列的基因型都是 AA，而肿瘤样本的基因型是 AB 或是 BB。但是，如果正常样本的纯度不高，则正常样本的基因型也有可能是 AB，从上述描述可以看出，这种突变不会遗传给后代，但会通过细胞增殖的方式遗传给细胞子代。因为癌症一般是后天发生的，所以和 SNP 相比，SNV 对研究癌症有更大的作用。SNV 和 SNP 的直观解释如图 4.2 所示。

在图 4.2 中，sn 表示的是样本中和参考序列的碱基一致的个数，an 表示的是样本中比对的碱基个数。每一行序列就是 NGS 中所提的 reads。第一标注列表示此位点的突变为 SNV，即正常样本的基因型是 AA，肿瘤样本的基因型是 AB；后两列标注列代表此位点的突变为 SNP，其中，中间标注列中正常样本和肿瘤样本的基因型都是 BB，即两者都发生了突变。

```
参考序列  ACTCCCGTCGGAACGAATGCCACG

          ACTCCCGTCGGAACCAATGCC---
          -CTCCCGTCGGAACCAATGCCACG
          ---CCCGTCGGAACCAATGCCACG
          -----CGTCGGAACCAATGCCACG
正常样本  -----CATCGGAACCAATGCCACC
          ------GTCGGAACCAATGCCACG
          --------------CAATGCCACC
          --------------------CACC

sn        122335566666660777778773
an        122335566666667777778777

          ACTCCCGTCGGAACCAATGCCACC
          --TCCCGTCGGAACCAATGCCACC
          ---CCCGTCGGAACCAATGCCACC
肿瘤样本  ------GTCGGCACCAATGCCACG
          --------CGGCACCAATGCCACG
          ----------GCACCAATGCCACG
          -------------------CCACG

sn        112333445563660777788883
an        112333445566666777788888
```

图 4.2　SNV 和 SNP 的直观解释图(一)

2) 生物层面

从生物层面看，SNV 和 SNP 发生变异的基因型在遗传上有着本质不同，如图 4.3 所示。

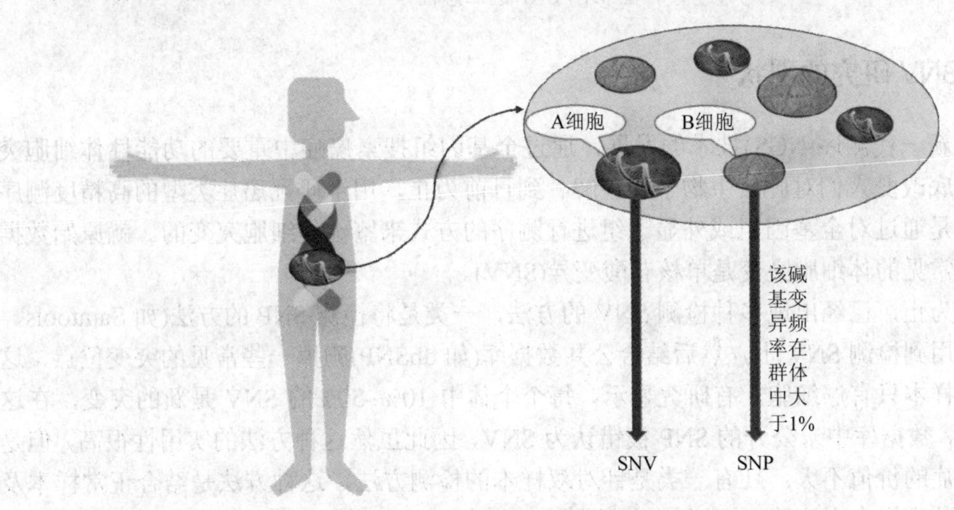

图 4.3　SNV 和 SNP 的直观解释图(二)

在人体内存在两种细胞，即体细胞和生殖细胞。假设A细胞指体细胞，B细胞指生殖细胞，A和B两种细胞都发生了单核苷酸变异，即两者的基因组序列某一个位置都发生了替换、插入或缺失。其中，B细胞发生的变异在种群中进行遗传，日积月累，当该碱基的变异频率在群体中大于百分之一时，称此变异为SNP，而A细胞发生的变异称之为SNV。换句话说，SNP是一个群体发生了变异，而SNV只是在一个个体中发生的变异。如果在一个物种中，单碱基变异的频率达到一定水平(1%)，则发生的变异称为SNP，而频率未知(比如仅仅在一个个体中发现)的变异称为SNV。

除此之外，SNP是二态的，而SNV没有这样的限制，如图4.4所示。如果刚开始发生的变异只是碱基G变异成了碱基A，则随着遗传规律的进行，最终使得原来和碱基G配对的碱基C也发生了变异，即碱基C变异成了和碱基A配对的碱基T。

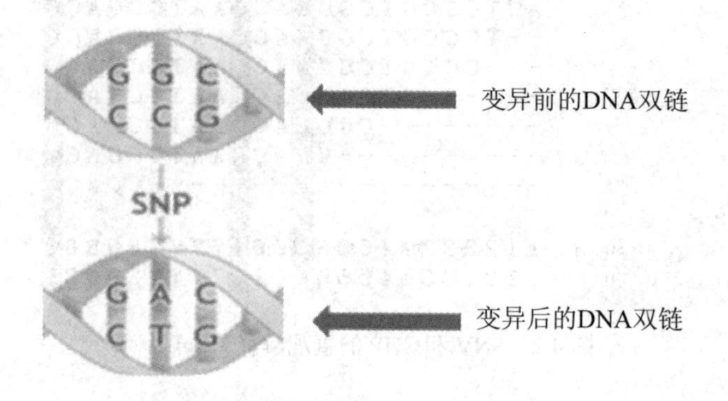

图4.4　SNP的二态性

4.2.4　SNV研究的现状

随着新一代测序(NGS)技术的发展，通过全基因组搜索癌症中重要的功能性体细胞突变已经彻底改变人们对肿瘤生物学的理解。到目前为止，用于研究癌症类型的高精度测序技术，都是通过对全基因组或外显子组进行测序的方式来鉴定体细胞突变的。就原始数据而言，最常见的体细胞突变是单核苷酸变异(SNV)。

迄今为止，已经出现多种检测SNV的方法，一类是将检测SNP的方法(如Samtools、GATK)应用到检测SNV上，然后结合公共数据库(如dbSNP)删掉一些常见的突变位点，这种方法的样本只有癌细胞。有研究显示，每个个体中10%~50%的SNV是新的突变，在这种情况下，数据库中未公开的SNP被错认为SNV，因此虽然这种方法的实用性很高，但是对研究癌症的价值不大。还有一类是针对双样本的检测方法，这种方法是结合正常样本及其配对的肿瘤样本来检测SNV的。在早期的工作中，通过对正常样本及其配对的肿瘤样本进行独立的基因检测，之后去除两个样本中相同的基因型，留下肿瘤样本中的基因型，这种方法属于简单过滤法，目前以此方法为模型的算法有 VarScan2 和 SOAPsnp 等。VarScan2 开创性地使用了 Fisher 精确检验来评估两个样本中等位基因频率(Allele Frequencies，AF)差异的显著性。这种方法可以为高纯度的样本提供合理的预测，它的优点是速度快，缺点是准确率低，假阳性高。目前，研究者为了探索更深层的癌症发生过程，还检测了癌旁组织，因此有 3 种样本来检测突变，通过检测癌旁组织还可以发现基因突变的过程。但是，由于技术和硬件条件的限制，现在检测 SNV 的算法大多是针对双样本的检测。为了更精确地检测 SNV 并更全面地表示肿瘤杂质和噪声数据，出现了联合样本分析法，该方法以贝叶斯模型为基础，考虑了正常样本和配对的肿瘤样本之间的关系以及肿瘤样本的纯度，然后通过设置阈值来检测 SNV。SomaticSniper 方法和 Fasd_somatic 方法都是对贝叶斯模型的改进。

随着新一代测序技术的发展，检测 SNV 的算法已经取得了显著性的成果，但不同方法在不同样本上的分析结果有显著不同，SNV 的检测还需要进一步的深入研究，为研究癌症提供更好的支撑。

4.2.5　SNV 研究的意义

新一代测序技术和第三代测序技术被广泛用于检测来自正常组织及其配对的肿瘤组织的突变，为了解癌症提供了巨大的帮助。除了遗传的种系突变，新获得的体细胞突变是导致癌症发生的主要原因。体细胞突变是指人体内的某些器官或是组织在后天发生了变化，但不会遗传给后代，却可以通过细胞分裂的方式遗传给子代细胞。在肿瘤组织中，体细胞突变占主要部分，因此，体细胞突变对肿瘤的发展有至关重要的作用，尤其是在靶向治疗方面，所以，对体细胞突变的研究的很有意义的一项工作。

众多学者发现，癌症产生的原因是 DNA 在细胞繁殖的过程中发生了改变，其中，SNV 是许多癌症类型中肿瘤发生和细胞增殖的驱动因素，所以，想了解癌症，研究 SNV 将是很有必要的一步。检测 SNV 需要检测不存在于生殖细胞但存在于体细胞中的变异，这个看似简单的过程至少受到两个因素的影响，一是生殖细胞的变异数量远远超过体细胞变异的数量，所以任何将生殖细胞变异错认为体细胞突变的情况都会严重影响 SNV 检测的准确性；二是肿瘤细胞中存在的正常细胞以及拷贝数变异和肿瘤的异质性造成的体细胞等位基因频率的变化，对检测 SNV 造成很大的干扰。

目前，检测 SNV 要考虑很多问题，比如，① 越来越多的证据表明肿瘤的异质性不仅存在于肿瘤内部，还存在于肿瘤之间；② 测序深度不足时，一些有突变意义的阳性突变很有可能被过滤或是被覆盖；③ 肿瘤细胞中还有可能发生拷贝数变异、Indel 等基因突变；

④ 在测序过程中，PCR 扩增产生的测序错误会对检测体细胞突变造成很大的影响；⑤ 由于在肿瘤体内存在非肿瘤细胞，所以肿瘤纯度的大小也会影响到体细胞突变的检测。以上问题导致检测 SNV 变得更加困难。虽然生物信息学家已经努力克服这些困难，但是仍然需要从精确度和召回率等方面来设计检测 SNV 的方法。

4.3　经典 SNV 检测方法简介

4.3.1　STIC 基本介绍

STIC(Predicting Single Nucleotide Variants and Tumor Purity in Cancer Genome，STIC)是在没有匹配的正常样本情况下，利用 NGS 数据以预测体细胞 SNV 和估计肿瘤纯度的。STIC 的主要特点有 3 个：① 在每个位点提取一组 SNV 相关特征，训练 BP 神经网络算法预测 SNV；② 通过干扰等位基因频率，建立体细胞 SNV 与种系 SNV 的迭代识别过程；③ 建立肿瘤纯度与体细胞 SNV 等位基因频率的合理关系，准确估计肿瘤纯度。

STIC 的工作原理是，首先输入一个参考序列和一个没有对照样本的肿瘤样本，然后进行读段处理。基于该处理，STIC 为每个基因组位点提取一组特征，并训练 BP 神经网络来预测 SNV。利用这些 SNV 的等位基因频率，STIC 通过降低肿瘤纯度创建一个关于等位基因频率的迭代过程来区分体细胞 SNV 和种系 SNV。最后，利用体细胞 SNV 等位基因频率估计肿瘤纯度。

图 4.5 概述了 STIC 过程。首先输入一个没有对照样本的肿瘤样本，通过控制测序质量对其进行处理，然后与人类参考序列(即 hg19)对齐。在测序结果的基础上，分 4 个步骤实现了体细胞 SNV 的预测和肿瘤纯度的估计。第一步，为要分析的基因组上的每个位点提取一组(19 个)特征，这些特征与 SNV 密切相关，例如读段数、匹配质量、不匹配读段数等。第二步，根据提取的特征训练 BP 神经网络，预测 SNV。在这里，训练数据集来源于模拟和实际测序样本。第三步，创建一个迭代过程，以区分体细胞 SNV 和种系 SNV。最后，通过建立 AF 与肿瘤纯度之间的关系，进行肿瘤纯度估计。

STIC 是一种基于单样本的方法，不需要常规的匹配样本。它可以在单个染色体、整个基因组或整个外显子上执行。体细胞 SNV 的检测和肿瘤基因组上肿瘤纯度的估计有助于肿瘤发生后的下游分析，帮助生物学家或医学家发现肿瘤治疗的靶向药物。因为 CNV 对 SNV 等位基因频率有很大影响，所以还可将 CNV 分析应用于体细胞 SNV 的预测，后续本书将对这方面的研究做出分析。

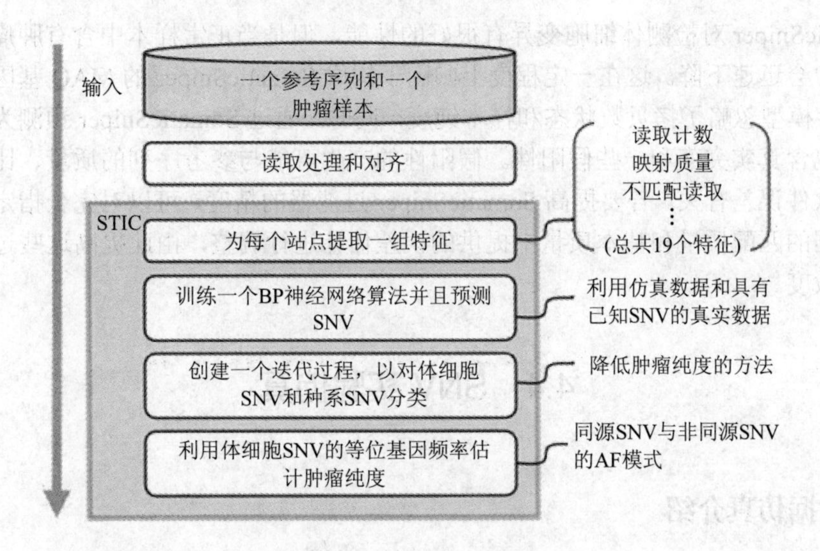

图 4.5　STIC 基本流程

4.3.2　SomaticSniper 基本介绍

SomaticSniper 以肿瘤全基因组测序数据为样本，采用测序深度为 25 X～30 X 的双样本数据进行实验，以发现肿瘤特有的突变。利用贝叶斯模型比较肿瘤患者基因型和正常人群基因型的差异，并且利用仿真数据对算法进行了测试，估计了算法的检测能力。SomaticSniper 方法主要分为两个步骤：① 检测肿瘤基因型与正常基因型的差异；② 体细胞变异检测过滤和变异位点仿真。

在检测肿瘤基因型与正常基因型的差异方面，首先假设肿瘤基因型和正常基因型是独立的，利用公式来判断一个位点为非体细胞变异的可能性，同时，使用MAQ(Mapping Quality)算法估算一个基因型的先验概率。这就相当于将两个突变的概率作为独立的种系突变进行比较。同时，根据以往研究，很少有有效的体细胞突变的评分低于 15，因此，低于这个评分的将不被认为是体细胞突变。但是，考虑到肿瘤基因型和正常基因型之间的相互依赖性，肿瘤样本和正常样本也应该来自一个个体，于是对之前的推导进行了优化，使得公式更贴合现实情况。

接下来，为了弥补 MAQ 算法造成的一些位点检测错误，利用 Samtools 工具过滤来自肿瘤基因型的检测结果。如果某一位点全部满足以下 6 种情况，则该位点会被保留：① 变异位点是大于 10 bp 的 Indel，并且质量值不小于 50；② 该位点的最大匹配质量值不小于 40；③ 在这 10 bp 的窗口中，有不多于 3 个 SNV 变异；④ 该位点至少匹配到 3 条读段；⑤ 一致质量(consensus quality)大于或等于 20；⑥ SNP 质量大于或等于 20。

SomaticSniper 对检测体细胞变异有很好的性能，但是当正常样本中含有肿瘤细胞时，其检测能力会迅速下降。这在一定程度上归因于构成 SomaticSniper 的 MAQ 基因分型模型的假设，该模型忽略了拷贝数状态和样本纯度。同时，通过 SomaticSniper 预测为体细胞的位点可能包含真实突变和一些假阳性。假阳性的产生可能与参考序列的质量、比对、数据质量以及软件误差有关。若要提高 SomaticSniper 过滤器的精度，可以对完全指定的误差模型或对数据的匹配质量和基本质量中提供的误差估计进行调整，由此提高这些过滤器的特异性和灵敏度。

4.4　SNV 实验仿真

4.4.1　数据仿真介绍

生物信息学计算方法的研究离不开数据仿真，计算过程往往需要根据研究方向仿真出需要的数据，从而对算法进行验证。利用仿真数据模拟出比较好的结果时，还需再从真实数据出发，对算法做出评估。

数据仿真一般包括两个步骤：一是根据 ref 文件，在序列中加入想要的变异，比如单位点变异或者拷贝数变异；二是根据加入变异后的序列生成读段，即模拟测序仪的输出数据进行序列的生成。文件格式变化一般是 FASTA 到 FASTQ，同时还要注意在变异仿真时，应当生成一个 ground_truth 文件，用来保存仿真数据变异发生位置及变异长度。

数据仿真软件有很多，如 Art、Sinc 和 IntSIM 等，一般仿真软件可以直接实现数据仿真的两个步骤，也可以在数据仿真的第二个步骤使用仿真软件。不同的仿真软件使用时所需的输入文件也各有不同，当进行数据仿真时，需要根据自己对数据的要求进行仿真软件的选择。

4.4.2　仿真实验与具体操作步骤

本节从具体的数据仿真实例出发，进行 SNV 和 CNV 联合变异数据的仿真介绍。

仿真数据使用的是 21 号染色体，所用文件是数据仿真的原始输入文件，碱基中包含 N/n，总的碱基数为 48 129 895，检测出的 N/n 个数是 13 023 253，去除 N/n 后的碱基数为 35 106 642(注：FASTA 序列中 N/n 代表测序时没有测出的碱基或者该位置的碱基类型不确定)。仿真工具使用的是 Sinc，在整个数据仿真过程中，只使用 Sinc 实现了第二个步骤，即序列生成，前期变异生成可根据需要自行编码实现。

由于人类是二倍体生物，体内基因是成对出现的，所以发生变异时会出现同源变异和非同源变异。为了准确地仿真出同源变异和非同源变异，需要准备两个碱基序列文件，在这里，需要复制 21 号染色体，并将两条染色体分别命名为 chr21-1.fa 和 chr21-2.fa。

1. SNV 仿真

SNV 仿真包括 Germline 仿真、Somatic 仿真、同源变异仿真和非同源变异仿真。

(1) Germline 变异：Germline 是指不仅在正常细胞中存在的 SNV 变异，也在肿瘤细胞中存在的变异，这种类型的变异一般是由亲代遗传而来的，对后天肿瘤的发生影响相对较小。

(2) Somatic 变异：Somatic 是指仅在肿瘤体细胞中存在的变异，这种类型的变异一般是由个人后天的影响而产生的，对肿瘤的研究具有很大的价值。在进行 SNV 检测时，更侧重于对 Somatic 的检测，但是由于 Germline 和 Somatic 具有很多相似性，所以也有许多研究是基于 Germline 和 Somatic 的区分进行的。

(3) 同源变异：两条碱基序列的同一位置发生了相同变异。

(4) 非同源变异：两条碱基序列的不同位置发生了变异。

根据以上变异要求，需要生成以下 4 条序列：normalseq-1.fa，normalseq-2.fa，Stumorseq-1.fa，Stumorseq-2.fa，同时还需要利用 ground_truth 文件记录 Germline 和 Somatic 发生的位置及变异类型，即 germline.txt，somatic.txt。SNV 可以进行的变异数量设置为：Germline mutation=10 万，Somatic mutation=20 万。对于不同的变异类型，可以平均分为同源变异与非同源变异，即 Germline mutation 中同源变异和非同源变异的数量均设置为 5 万，对于 Somatic mutation 中同源变异与非同源变异数量的处理类似。

如图 4.6 所示，左边是 germline.txt 文件内容，右边是 somatic.txt 文件内容。二者文件格式是一致的，第一列是变异发生的位置，第二列是参考序列中对应位置的碱基，第三列是变异后的碱基。这两个文件把序列中发生的变异详细地记录了下来，有助于后续进行算法效果统计。

```
18647043    t    a        33175700    c    a
45617392    G    C        16531238    t    g
41892268    G    T        16503680    A    T
40076920    a    g        41030286    T    A
27667982    c    t        43638679    c    g
41758250    T    G        11054387    T    G
26904885    t    g        20001681    t    a
33387060    t    a        14865583    c    t
33901507    C    G        18010869    a    c
34635728    T    C        15522935    C    G
32600045    G    A        37755412    a    c
33921429    A    C        38667460    T    A
10102495    T    G        20052323    A    G
```

图 4.6　germline.txt 和 somatic.txt 文件示意

值得注意的是，序列中变异的位置是无序的，在后续操作中要根据自己的需要进行相应的文件处理。

为了简单理解变异序列的生成，可以只进行 SNV 替换的仿真，对于缺失和插入的仿真未列出，有兴趣的同学可以自己编码实现。

2. CNV 仿真

进行 CNV 仿真需要提前设置好变异的长度及数量，另外，针对不同的拷贝数也要进行不同的规划。在进行 CNV 仿真时，需要注意的是，存在 N/n 的片段不能进行 CNV 仿真，要提前检测 N/n 存在的区域，从而避开这部分。CNV 仿真与 SNV 仿真不同，需要先生成 ground_truth 文件，之后根据 ground_truth 文件进行序列的变异生成，如图 4.7 所示。

```
1    16388129    16438128    50000     loss    1
1    16578129    16588128    10000     gain    3
1    16718129    16738128    20000     loss    1
1    16848129    16888128    40000     loss    1
1    16998129    17038128    40000     loss    1
1    17168129    17188128    20000     gain    5
1    17318129    17338128    20000     gain    4
1    17438129    17488128    50000     gain    3
2    17538129    17638128    100000    gain    5
1    17738129    17788128    50000     gain    6
2    17888129    17938128    50000     gain    5
1    18078129    18088128    10000     gain    3
1    18228129    18238128    10000     gain    5
```

图 4.7　CNV ground_truth 文件示意

在 CNV 仿真中，ground_truth 的数据可以设置为：总拷贝数变异为 226 个，长度分别为 10 000(68 个)、20 000(56 个)、40 000(46 个)、50 000(34 个)、100 000(22 个)、CN=0 (34 个)、CN=1(66 个)、CN=3(56 个)、CN=4(30 个)、CN=5(22 个)、CN=6(18 个)。这些数据只是参考，一般在进行 CNV 仿真时设置 30～40 条变异即可，但是要注意，CNV 变异的所有类型都要尽可能的包含在其中。

在进行 CNV 仿真时，需要根据 ground_truth 文件进行，如图 4.7 所示，第一列是 CNV 发生变异的碱基序列，1 代表发生在 chr21-1.fa 上的变异，2 代表发生在 chr21-2.fa 上的变异；第二列代表 CNV 的开始位置；第三列代表 CNV 的结束位置；第四列代表 CNV 发生变异的长度；第五列代表 CNV 的变异类型，以人类是二倍体为例，如果拷贝数是 0 或者 1，则变异类型为 loss，如果拷贝数大于 2，则变异类型为 gain；第六列是拷贝数，在此处设置的最大拷贝数是 6 且属于连续片段拷贝。

生成 ground_truth 文件之后，只需根据 ground_truth 编码实现序列的变异，生成 SCtumorseq_1.fa 和 SCtumorseq_2.fa。

3. 序列生成

使用 Sinc 生成序列时，需要的输入文件是 normalseq-1.fa、normalseq-2.fa、SCtumorseq_1.fa 和 SCtumorseq_2.fa，需要把原来的 FASTA 文件做处理，以将所有序列放在一行。初次使用 Sinc 时，需要提前安装好 gcc，然后根据 readme 文件把所有功能模块编译一遍，之后才能使用第三模块进行序列生成。在进行序列生成时，可以通过设置参数来仿真不同读段长度、覆盖度的数据。

在 Sinc 中输入一个 FASTA 文件会生成两个 FASTQ 文件，即输入 4 个文件会生成 8 个文件，所以需要对文件进行整合，把生成的 4 个 normal 文件和 4 个 tumor 文件分别整合为两个文件。假设由 SCtumorseq_1.fa，SCtumorseq_2.fa 生成的 4 个 tumor 文件是 SCtumorseq_1.fa_1_300_50_15.0_100.fq、SCtumorseq_1.fa_2_300_50_15.0_100.fq、SCtumorseq_2.fa_1_300_50_15.0_100.fq 和 SCtumorseq_2.fa_2_300_50_15.0_100.fq，则第一和第三个文件可以合成为 simu_sctumor_1.fq，第二和第四个文件可以合成为 simu_sctumor_2.fq。normal 文件的操作类似，合成后的文件分别为 simu_normal_1.fq 和 simu_normal_2.fq。

此时，总文件个数为 4 个，假设 simu_normal_1.fq、simu_normal_2.fq、simu_sctumor_1.fq 和 simu_sctumor_2.fq 是上一步合并文件后的结果，因为 2 号文件(simu_normal_2.fq 和 simu_sctumor_2.fq)的 ID 号和 1 号文件(simu_normal_1.fq 和 simu_sctumor_1.fq)有偏差，之后用 bwa 进行操作的时候会出错，所以要先使 2 号文件的 ID 与 1 号文件的 ID 相同(自行编码即可解决)。输出 simu_ID_normal_2.fq，simu_ID_sctumor_2.fq 这两个文件。

4. 生成纯度数据

生成纯度数据使用的是 seqtk 工具，seqtk 是一款针对 FASTA/FASTQ 文件进行处理的小工具，它的功能多，速度快，方便使用。在进行纯度数据仿真时，可以根据 tumor 文件和 normal 文件的不同比例生成不同纯度的数据。比如需要纯度是 0.6 的数据，则在 tumor 文件中选择 60%的比例，在 normal 文件中选择 40%的比例。

4.5　体细胞 SNV 检测实例演示

4.5.1　Pileup 文件简介

Pileup 格式最初是由 Sanger Institute 的托尼·考克斯(Tony Cox)和则敏·宁(Zemin Ning)使用的，描述了染色体上每个位置的碱基信息，可以用于 SNV 和 Indel 的检测。Pileup 格式文件相当于把每条染色体都旋转 90°，将每条读段也旋转 90°，使它们平行地匹配到基因组上，如图 4.8 所示。图中最粗的一条线是染色体序列，稍浅颜色的短片段是读段序列。

Pileup 文件由 Samtools 工具从 sorted.bam 文件生成，使用 mpileup 命令。

Pileup 文件的每一行都包括 6 个部分，如图 4.9 所示，各列代表的含义如表 4-1 所示。

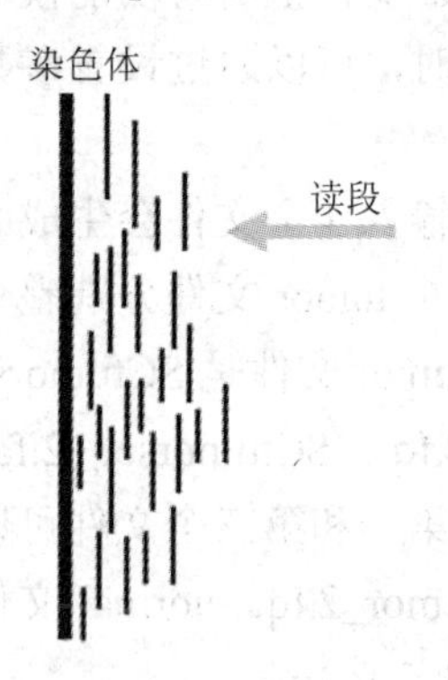

图 4.8　Pileup 文件抽象信息图示

```
chr1 272 T 24 ,.$.....,,.,.,...,,,.,..^+.<<<+;<<<<<<<<<<<=<;<;7<&
chr1 273 T 23 ,.....,,.,.,...,,,.,..A <<<;<<<<<<<<<3<=<<<;<<+
chr1 274 T 23 ,.$....,,.,.,...,,,.,... 7<7;<;<<<<<<<<<=<;<;<<6
chr1 275 A 23 ,$....,,.,.,...,,,.,...^1. <+;9*<<<<<<<<<=<<:;<<<<
chr1 276 G 22 ...T,,.,.,....,,,.,.... 33;+<<7=7<<7<&<<1;<<6<
chr1 277 T 22 ....,,.,.,.C.,,,.,..G. +7<;<<<<<<<&<=<<:;<<&<
chr1 278 G 23 ....,,.,.,....,,,.,....^k. %38*<<;<7<<7<=<<<;<<<<<
chr1 279 C 23 A..T,,.,.,....,,,.,..... ;75&<<<<<<<<<=<<<9<<:<<
```

图 4.9　Pileup 文件内容

表 4-1　Pileup 文件各列表示的含义

列　数	内　容	含　义
第一列	chr21	染色体名称
第二列	272	染色体上碱基位置
第三列	T	该位点参考基因组的碱基
第四列	24	比对到该位点的序列数
第五列	.	表示匹配到正链
	,	表示匹配到负链
	ACGTN	表示与参考基因组序列正链不同的比对情况（即错配或变异）
	acgtn	表示与参考基因组序列负链不同的比对情况
	+[0-9]+[ACGTNacgtn]+	表示插入，如：seq2 156 A 11 .$......+2AG.+2AG.+2AGGG <975;:<<<<<，表示在这个位点上有 3 个 2 bp（AG）的插入，最后两个 GG 表示错配或变异
	-[0-9]+[ACGTNacgtn]+	表示片段的缺失，如 seq3 200 A 20 ,,,,,,..,. -4CACC. -4CACC...., .,,.^~. ==<<<<<<<<<<<<::<;2<<，表示两个 4 bp(CACC)的缺失
	^	表示序列开头
	$	表示序列结尾
第六列		比对质量值，和第五列一一对应

4.5.2　SNV 和 CNV 检测

SNV 的检测方法有很多种，但其难点是体细胞 SNV 和种系 SNV 的区分，其中后天产生的体细胞突变是导致癌症的主要突变。由于细胞中情况复杂，多种变异共同存在，其他类型的变异也会对 SNV 检测造成影响。如图 4.10 所示，在存在 CNV 的情况下，对 SNV 检测结果进行种系突变和体细胞突变的区分更加困难。所以本节将从体细胞 SNV 和种系 SNV 的区分出发进行说明。

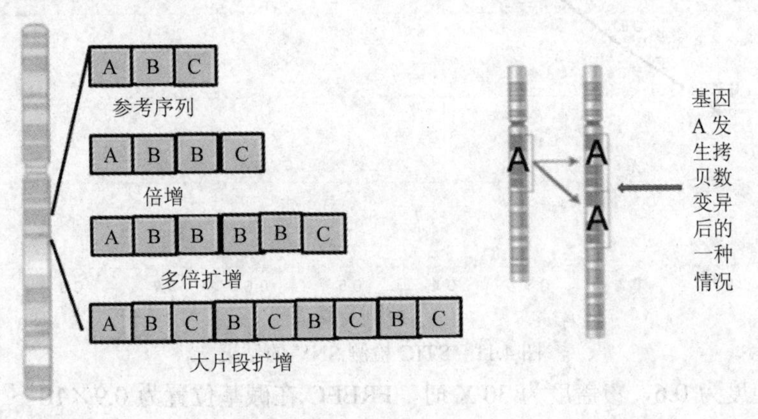

图 4.10　CNV 对 SNV 的影响

如前所述，在进行 CNV 数据仿真时，仿真情况不包括复杂 CNV，即图中的第四种情况是不包括的。仿真数据期待达成的效果是，当 CNV 区域发生了 SNV 时，会对 SNV 产生影响，假如在拷贝数为零的区域内发生了一个 SNV，那么当 CNV 发生时，该 SNV 是无法被检测到的；当在拷贝数大于 3 的区域内发生了 SNV 时，该 SNV 被检测到的次数一般不小于 1。

在进行体细胞 SNV 检测之前，应当先把 CNV 和 SNV 检测出来，在此使用 FREEC 检测 CNV，使用 STIC 检测 SNV。将检测的结果与 ground_truth 做比较，以查看检测效果，如果检测效果不理想，则应该更换方法。

图 4.11 所示是使用 STIC 检测 SNV 得到的精确率及召回率。在覆盖度是 30 X 的情况下，当纯度为 0.6 时，召回率便超过 0.9，并且准确率几乎接近 1。由此可见，STIC 在此数据集上对 SNV 的检测效果较好。

使用 FREEC 进行 CNV 检测时，FREEC 能根据 NGS 数据自动计算拷贝数和等位基因含量分布，从而预测基因组改变的区域。FREEC 构建拷贝数和等位基因频率分布，然后对这些图谱进行规范化、分割和分析，以便将基因型状态(拷贝数和等位基因含量)分配给每个基因组区域。

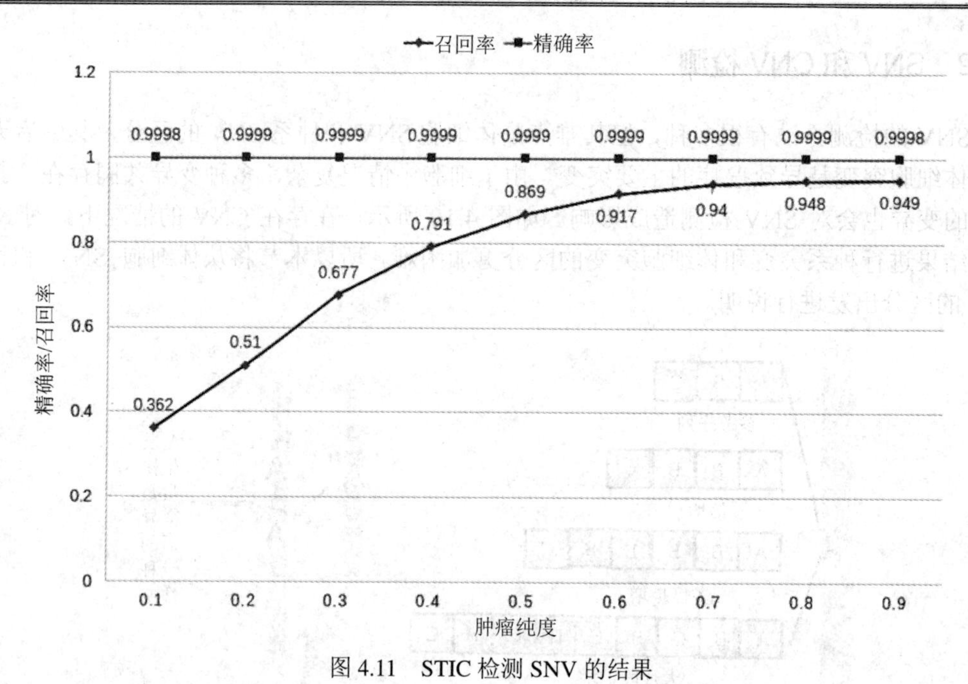

图 4.11 STIC 检测 SNV 的结果

当肿瘤纯度为 0.6，覆盖度为 30 X 时，FREEC 在碱基位置为 0.9×10^7～1.5×10^7 范围内的检测结果如图 4.12 所示。

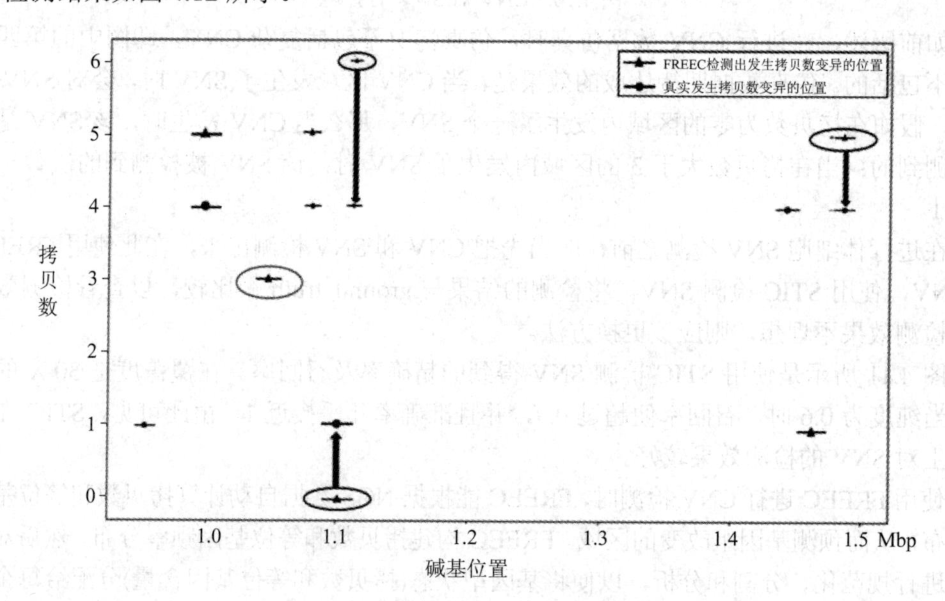

图 4.12 FREEC 对 CNV 的检测结果

图 4.12 中的线段代表 CNV 的位置，线段长度代表 CNV 的长度，浅色线段是 ground_truth 中记录的 CNV 信息，深色线段是 FREEC 检测出的 CNV 信息。浅色椭圆圈住的 CNV 片段，不仅表示 ground_truth 中记录的 CNV 信息，也是 FREEC 检测出的 CNV 信息。由图 4.12 可以看出，FREEC 基本可以检测出仿真的 CNV 信息，可能拷贝数会有稍许误差，但是这种检测效果已经可以满足后续对体细胞 SNV 研究的需要。另外，图 4.12 是基于某个数据纯度和覆盖度的部分检测结果，在做具体研究时，要根据情况做全局分析，只要检测结果能够达到自己对数据的要求即可。

4.5.3　体细胞 SNV 检测

完成仿真数据的 SNV 和 CNV 检测后，基本上可以获得每个 SNV 位点的拷贝数，此时检测出的 SNV 是属于体细胞 SNV 和种系 SNV 的混合。若要从中提取出体细胞 SNV，可以将该过程看做是一个二分类问题，因此可以使用 SVM 进行分类。分类之前是对特征的提取，特征的选择要与 SNV 密切相关，通过多项实验获得，测序深度、正链和负链的错配数、等位基因频率和匹配质量值这 4 个特征对 SNV 检测的影响较大。其中，等位基因频率(AF)是区分种系突变和体细胞突变的重要指标，AF 的计算方式为

$$\mathrm{AF}=\frac{\text{匹配到某位点发生变异的读段数}}{\text{匹配到该位点的读段数}} \tag{4.1}$$

以上 4 个特征需要从 Pileup 文件中提取出来。除此之外，还需要加入一项特征，即 SNV 变异位点的拷贝数，这也正是本研究的重点所在。变异位点的拷贝数信息可以从 FREEC 的检测结果中得出，通过判断该 SNV 位点是否在 CNV 区域内，便可得知此变异位点的拷贝数。综上，要进行 SVM 分类，选取的 5 个特征分别是测序深度、正链和负链的错配数、等位基因频率、匹配质量值和拷贝数。根据 SNV 仿真时的 ground_truth 文件 germline.txt 和 somatic.txt 文件，需要给数据加入标签，将数据分为测试集和训练集，以便进行 SVM 训练，通过实验不断调整参数优化结果。以下以纯度为 0.1～0.9，覆盖深度为 30 X 的数据为例，比较 STIC 和 SVM 对体细胞 SNV 的检测结果，如图 4.13 所示。F_1 分数是分类问题的一个衡量指标，它是精确率和召回率的调和平均数，最大值为 1，最小值为 0，是对算法整体性能评价的一个指标。

从图 4.13 可以看出，在对仿真数据加入拷贝数变异的情况下，SVM 的分类结果明显比 STIC 好很多。

以上是一组实验数据的平均结果，在进行实验设计时，应尽可能多地设计分组，这样可以避免数据噪声对实验结果的影响。建议数据覆盖度为 10 X、20 X、30 X、40 X 和 50 X，每种覆盖度下应该包括纯度范围为 0.2～0.8 的数据，样本也应尽可能丰富，最好做到每种

覆盖度下检测 50 个样本，之后对所获得的结果求平均值。另外，在完成仿真数据的实验后，还需要进行真实样本的实验。

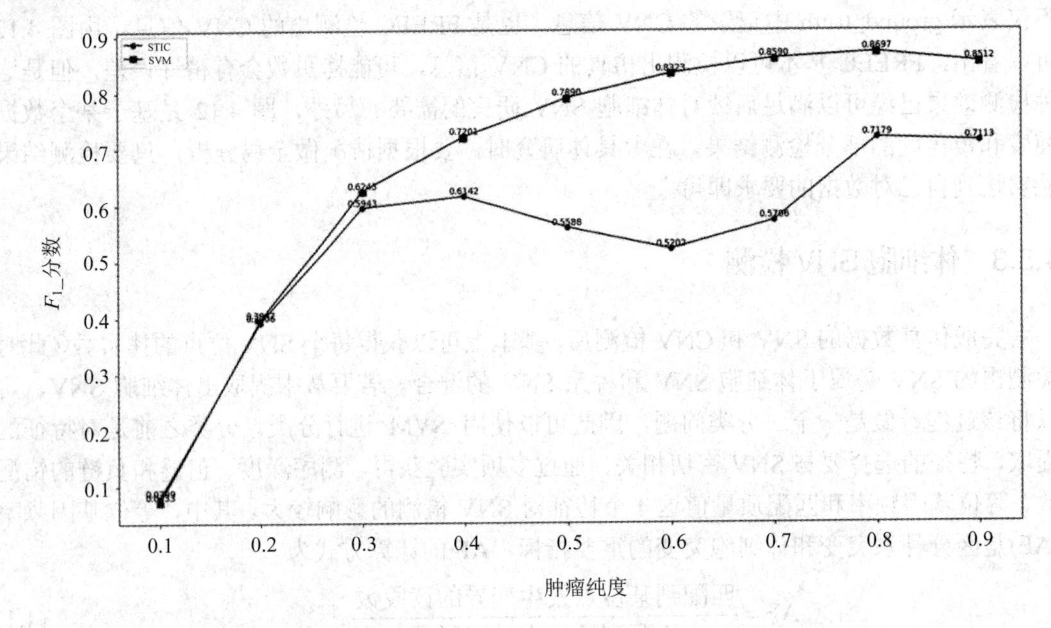

图 4.13　F_1 分数值比较

体细胞 SNV 的检测对人类癌症疾病的发现与治疗有重要意义，目前相关研究领域大多结合神经网络和机器学习进行变异检测，有想法的同学可以进行尝试，可能会有意想不到的收获。

本章习题

1．简要介绍单核苷酸变异。

2．癌症中最常见的两种单位点变异是________________、________________。

3．简要介绍单核苷酸多态性。

4．简要介绍单核苷酸变异。

5．分别从生物层面和数据层面说明 SNV 和 SNP 的不同点。

6．有关 SNP 位点的描述，下列说法不正确的是(　　)。

A．单个 SNP 位点遗传信息含量大，因此具有广泛应用前景

B．被称为第三代 DNA 遗传标志

C．在整个基因组中大约有 300 万个 SNP 位点

D．生物芯片技术可以提高 SNP 位点的检测准确率

E．SNP 位点是单核苷酸变异

7．被称为第三代 DNA 遗传标志的是(　　)。

A．RFLP　　B．VNTR　　C．SNP

D．STR　　E．EST

8．简单介绍 SNV 的最新研究现状。

9．基因转录数据库不包括(　　)。

A．TRANSFAC　　B．TRRD　　C．RegulonDB

D．COMPEL　　E．SNP

10．经典的 SNV 检测方法有____________、____________。

11．STIC 的主要特点是什么？

12．根据自己的理解简要介绍 STIC 的工作原理。

13．图 4.14 所示为 STIC 的基本流程，试补全图中缺失的内容。

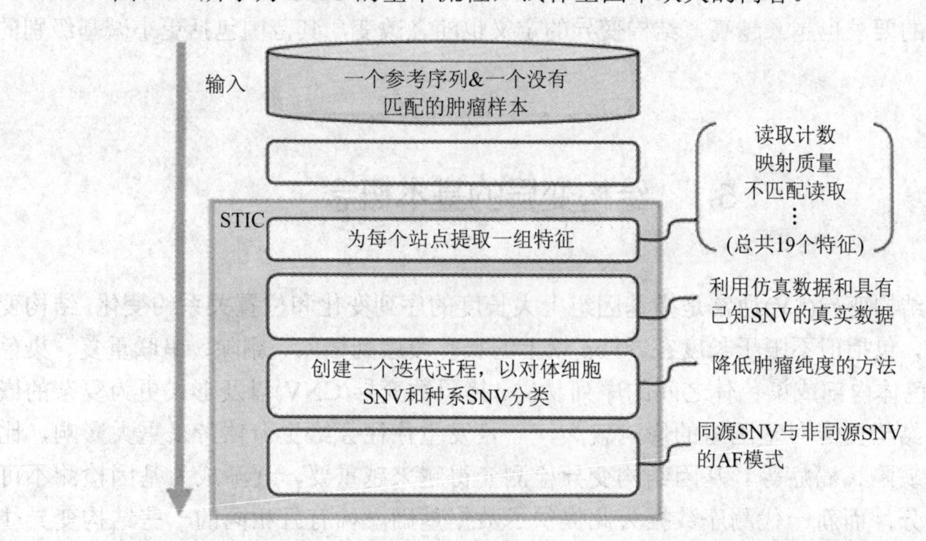

图 4.14　STIC 的基本流程

14．简要介绍 SomaticSniper 方法，该方法可以分为几个步骤？

15．实验题：挑选任意方法实现 SNV 仿真实验以及 CNV 仿真实验。

16．简单介绍 Pileup 文件。

17．简要介绍区分体细胞 SNV 和种系 SNV 的方法。

第五章 结构变异检测

人类遗传变异多种多样，从单碱基变异到大型染色体变异均有可能发生，从雅夫拉特(Iafrate)、图尊(Tuzun)、基德(Kidd)等人的研究成果可以发现，人类基因组差异更多的是结构变异的结果，而不是单一碱基对的变异。最开始的基因结构变异被定义为长度大于1000 bp的序列插入、缺失和倒位，但是随着基因组检测的方法越来越多，人们对于基因组片段的精确程度的要求也越来越高，结构变异的定义也随之改变，其范围包括更小碱基级别的变异。

5.1 结构变异的基本概念

基因组结构变异(SV)通常是指基因组上大长度的序列变化和位置关系的变化。结构变异类型很多，包括但不限于长度在50 bp以上的长片段序列插入、删除、串联重复、染色体倒位、染色体内部或染色体之间的序列易位、拷贝数变异(CNV)以及形式更为复杂的嵌合性变异。结构变异对基因组的影响较大，一旦发生往往会给生命体带来重大影响，比如导致出生缺陷、癌症等。基因结构变异检测变得越来越重要，逐渐成为基因检测不可或缺的一部分，而新一代测序数据为此提供了数据基础。稀有且相同的一些结构变异往往和疾病(如癌症)的发生相互关联，甚至是直接的致病诱因。例如，电影《我不是药神》中提到的慢粒白血病，它的全称是慢性粒细胞白血病，就是一种典型的易位基因结构变异。这种疾病是由于9号染色体与22号染色体发生了长臂易位(见图5.1)，使得ABL基因与BCR基因发生了变异，进而导致ABL基因表达异常，导致了细胞的癌变。

一个典型的人类全基因组与参考基因组相比，大约有四百万到五百万个位点不同，即大约两千万个碱基有所改变。这些变异可以分为单核苷酸多态性(SNP)、小的插入与缺失(Indel)及结构变异(SV)。其中，结构变异由人类基因组中多种变异类型组成，通常包括基因组序列的插入、缺失、易位、倒置和串联重复等。目前，对于结构变异的定义，尽管有时会与短的 Indel 定义有重叠，但通常将结构变异定义为人类基因组中大于 50 bp 片段的变异。研究表明，在人类基因组中，由结构变异引起的个体差异碱基数是单核苷酸位点变异(SNV)的 3～10 倍。因此，与 SNV 和短的 Indel 相比，结构变异对人类基因的多样性具有更大影响，且影响范围广泛，从自闭症等神经系统疾病到癌症都有涉及。而当前对于结构变异的研究所面临的挑战是如何发现全部范围的结构变异，并能够准确地对其进行基因分型，以了解其对人类疾病、复杂性状和进化的影响。

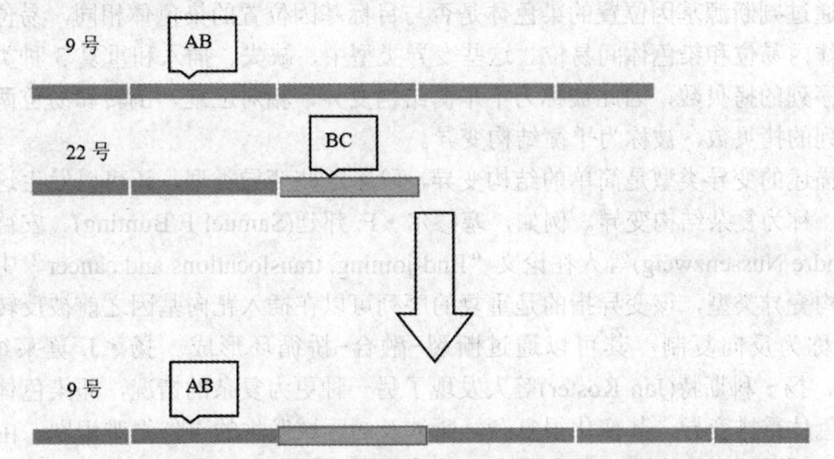

图 5.1　9 号染色体与 22 号染色体发生长臂易位

研究表明，结构变异会影响细胞内的活动，包括基因拷贝数的改变和基因调控的改变。拷贝数的变化通常会导致基因数量的变化，进而破坏或干扰生物学路径，导致不良的生理状况。结构变异也可能引起基因的断裂和连接，这具有重要的生物学意义。例如，BCR-ABL 基因融合导致 ABL 激酶表达增加，引起细胞级联变化，最终导致慢性粒细胞白血病；17 号染色体 p11.2 区域的 3.7 Mb 缺失会导致史密斯-马格尼氏综合征，这是一种发展性疾病，可能会导致智力残疾。

5.2　结构变异的分类

人类基因组中的变异与人类的进化、疾病风险等方面都有着密切的联系。当前新一代测序技术(NGS)的发展，虽然使测序成本大幅下降，但这种短读段测序方法也给基因组变异检测带来了巨大的挑战。

根据第二代测序技术中的读段对信息可以将结构变异分为不同类型，即缺失、插入、复制、倒转(反向)和易位等类型。在这些类型中，① 缺失是从基因组中去除 DNA 序列。② 插入是将 DNA 序列添加到基因组中。通过判断插入的基因序列是否来自样品的基因组，又可以细分为两种插入类型，如果插入的序列不是来自样品基因组，则该插入为新颖插入，例如，W.K. Sung、H. Zheng 等人将乙型肝炎病毒 DNA 插入人类肝癌细胞的基因组中。③ 复制是指复制一个 DNA 序列并将其粘贴到基因组中。根据粘贴位置的不同，复制可分为散在复制和串联复制。④ 倒转是指将基因序列中的一段 DNA 反向，从而产生反向序列。⑤ 易位一般指在一个基因位置处删除 DNA 序列，并将该段 DNA 序列插入基因组中的另一个基因位置，通过判断源基因位置的染色体是否与目标基因位置的染色体相同，易位可进一步分为染色体内易位和染色体间易位。这些变异类型中，缺失、插入和重复 3 种类型改变了基因组中序列的拷贝数，因此被称为不平衡结构变异，相对应地，倒转和易位两种类型不会改变序列的拷贝数，被称为平衡结构变异。

以上描述的变异类型是简单的结构变异，除了这些变异类型，还可以发生这些结构变异的组合，称为复杂结构变异。例如，塞缪尔·F. 邦廷(Samuel F Bunting)、安德烈·努森斯威格(Andre Nussenzweig)等人在论文“End-joining, translocations and cancer”中提到的一种复杂结构变异类型，该变异指的是重复的序列可以在插入靶向基因之前被反转，这种性质的复制称为反向复制，其可以通过断裂-融合-桥循环形成。扬·J. 莫莱纳尔(Jan J Molenaar)、扬·科斯特(Jan Koster)等人发现了另一种更为复杂的情况，即染色体碎裂，这是一种染色体重排变异，其变化很复杂，所涉及的区域发生的事件很难识别。由上述内容可以推测，不同的形成机制可能会发生各种其他类型的复杂结构变异。

本章主要讨论常见的 7 种结构变异类型，包括长度在 50 bp 以上的长片段序列缺失变异、插入变异、易位变异、倒转变异、散列重复变异、倒转重复变异、串联重复变异。

5.2.1　缺失变异

缺失变异是指染色体中一段碱基序列的缺失。如果缺失的序列长度过大，则认为是拷贝数缺失类型的变异，本章仅讨论长度在几十到几百个碱基对之间的缺失变异。如图 5.2 所示，参考序列中 AB 间的片段是样本序列的缺失片段，读段 R1～R4 是缺失断点附近的两对双端读段，其中 R2、R3 跨越缺失断点。将这两对读段比对到参考序列上，可以看出，R2、R3 成为分裂读段，和串联重复变异(将在 5.2.7 小节介绍)产生的分裂读段类似，R2、R3 会映射到两个位点，与串联重复变异所不同的是，映射在 A 点的分裂读段比对情况均为左半部分匹配，映射在 B 点的分裂读段比对情况均为右半部分匹配。因此，对于缺失变异，跨越缺失断点的读段在比对后会成为分裂读段，并且这些读段可能映射到参考序列缺失片段最左端和最右端的两个位点。

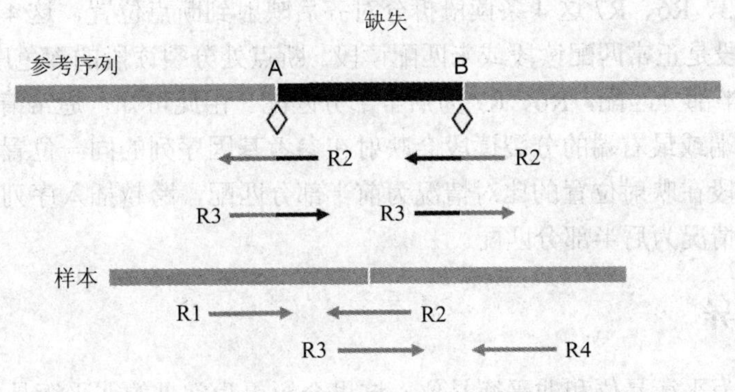

图 5.2　缺失变异读段比对示意图

5.2.2　插入变异

插入变异和缺失变异也常被合并称作 Indel。结构变异的主要插入类型是新颖插入，新颖插入变异指的是在基因组中某一位置插入了一段外部来源的基因序列。图 5.3 所示为一个典型新颖插入的读段比对示意图，在读段与参考序列的比对中，浅色读段表示该片段匹配，深色读段表示该片段不匹配。

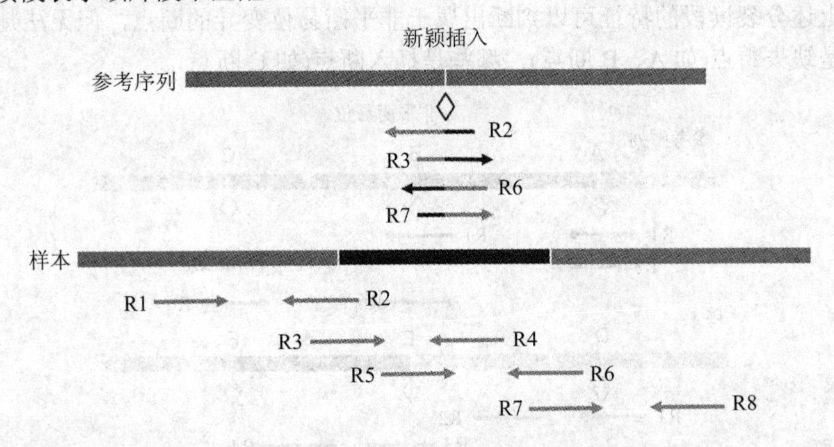

图 5.3　新颖插入变异读段比对示意图

如图 5.3 所示，菱形标志处是参考序列上的新颖插入变异断点，样本序列中的深色片段是一段新颖插入序列，R1～R8 是来自样本新颖插入变异区域附近的 4 对双端读段，其中 R2、R3 是跨越插入序列最左端的读段，R6、R7 是跨越插入序列最右端的读段，其他 4 条读段是完全来自参考序列或插入序列的读段。将 R1～R8 这 4 对读段与参考序列进行比对，可以看到 R2、R3、R6、R7 这 4 条读段拆分对齐后映射到断点位置，这 4 条读段是分裂读段，其他 4 条读段是正常匹配读段或未匹配读段。断点处分裂读段的深色序列为剪切部分，即 R2、R3 为前半部分匹配，R6、R7 为后半部分匹配。由此可知，通常情况下，新颖插入序列上跨越最左端或最右端的分裂读段会映射在参考基因序列的同一位置，并且跨越插入序列最左端的读段在映射位置的比对情况为前半部分匹配，跨越插入序列最右端的读段在映射位置的比对情况为后半部分匹配。

5.2.3　易位变异

易位变异分为平衡易位和非平衡易位，这里介绍更为常见的非平衡易位。如图 5.4 所示，深色片段为非平衡易位变异序列，其位置发生了改变，即参考序列中 1、2 号序列之间的片段被移动到 2、3 号序列之间，这导致在参考序列上有 3 个断点，其中 A、B 断点可以认为是两个缺失类型的断点，C 断点是一个插入类型的断点。R1～R6 为来自样本序列非平衡易位变异区域附近的 3 对读段，将这 3 对读段与参考序列进行比对后可以发现，R1、R3、R6 为分裂读段，并且这 3 个读段均映射到两个位点，但是与上述几种变异不同的是，单纯凭借分裂读段的信息无法判断该断点是否为非平衡易位的断点，因为 A、B、C 这 3 个断点均有左半部分匹配和右半部分匹配两种类型的分裂读段，且这些分裂读段均有其他映射，所以根据上述分裂读段的特征可以判断出属于非平衡易位变异的断点，但无法判断这些断点中哪些是缺失断点(如 A、B 断点)，哪些是插入断点(如 C 断点)。

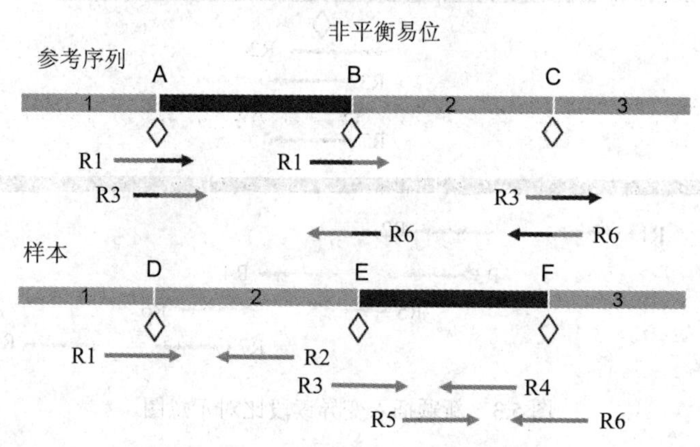

图 5.4　非平衡易位变异读段比对示意图

5.2.4　倒转变异

倒转变异是指染色体发生断裂后，某一区段颠倒，而后又愈合为一条染色体的现象。

如图 5.5 所示，深色片段为倒转变异序列，其位置发生改变，这导致在参考序列上生成了两个断点，左断点处的基因与右断点处的基因发生了位置互换。此时的 R2、R3、R6、R7 是分裂读段，并且与其他变异类型不同的是，这里还发生了反向比对，反向比对是一条十分重要的信息，这部分信息在 SAM 文件中比较容易获取，是区分是否反向比对的一个重要依据。由此可以得到，若在比对中出现了反向比对，那么这种变异属于倒转变异或者后文中将提到的倒转重复变异，但是二者的断点个数不同。

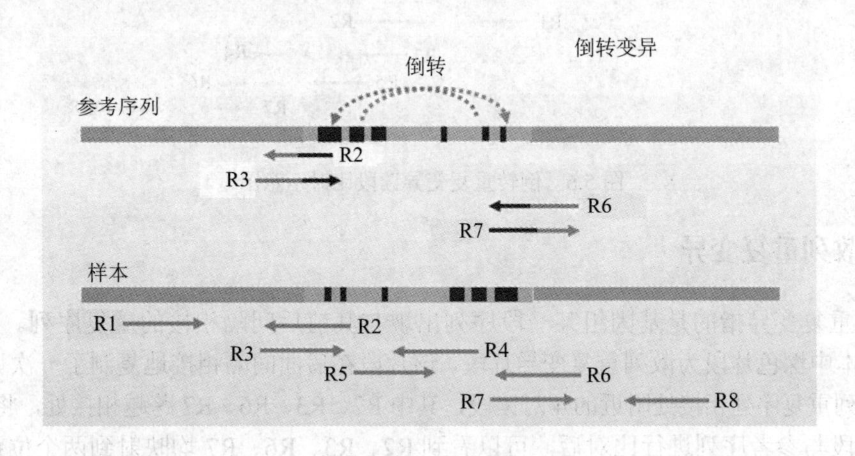

图 5.5 倒转变异读段比对示意图

5.2.5 倒转重复变异

倒转重复变异指的是基因组某一段序列出现与其前后间隔相接的反向重复序列。如图 5.6 所示，样本中深色片段为倒转重复变异片段，其深色片段在后面间隔相接地复制了一次并被倒转。R1～R8 为来自倒转重复序列相接处附近的 4 对读段，其中 R2、R3、R6、R7 跨越相接处。将 R1～R8 这 4 对读段与参考序列进行比对后，可以看到 R2、R3、R6、R7 均映射到两个位点，并且映射方式均为拆分对齐，R2 被映射到右断点处且呈现前半部分反向比对，R3 被映射到左断点处且呈现后半部分正向比对；R6 被映射到中间断点处且呈现后半部分反向比对，R7 被映射到左断点处且呈现前半部分正向比对。这里也出现了反向比对，由此可知，这种变异属于倒转变异或者倒转重复变异，并且倒转重复变异所产生的分裂读段在参考序列重复片段最左端呈现后半部分匹配，同时这些序列会在重复片段最右端呈现前半部分反向匹配，或者分裂读段在参考序列重复片段最左端呈现前半部分匹配，同时这些序列会在重复片段最右端呈现后半部分反向匹配。

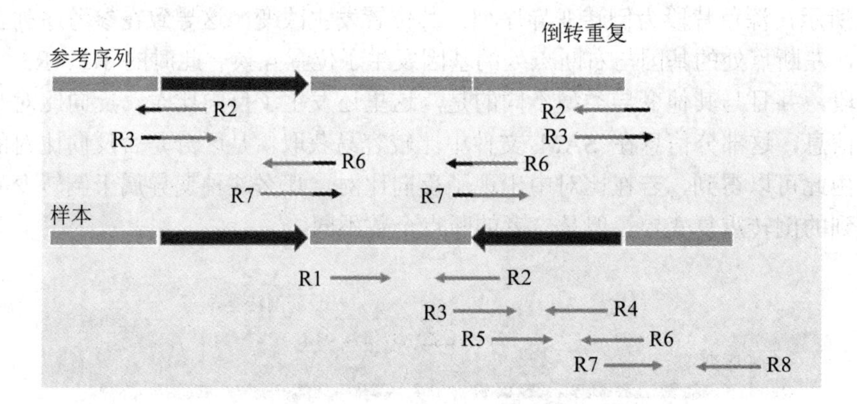

图 5.6　倒转重复变异读段比对示意图

5.2.6　散列重复变异

散列重复变异指的是基因组某一段序列出现与其前后间隔相接的重复序列。如图 5.7 所示，样本中深色片段为散列重复变异片段，该片段在后面间隔相接地复制了一次。R1～R8 为来自散列重复序列相接处附近的 4 对读段，其中 R2、R3、R6、R7 跨越相接处，将 R1～R8 这 4 对读段与参考序列进行比对后，可以看到 R2、R3、R6、R7 均映射到两个位点，并且映射方式均为拆分对齐，即 R2、R3、R6、R7 在参考序列左断点呈现后半部分匹配，并且在右断点呈现前半部分匹配。由此所得，散列重复变异所产生的分裂读段在参考序列重复片段最左端为前半部分匹配，同时在重复片段最右端为后半部分匹配，与接下来将介绍的串联重复变异不同的是，变异片段与复制片段中间隔了一段碱基序列。

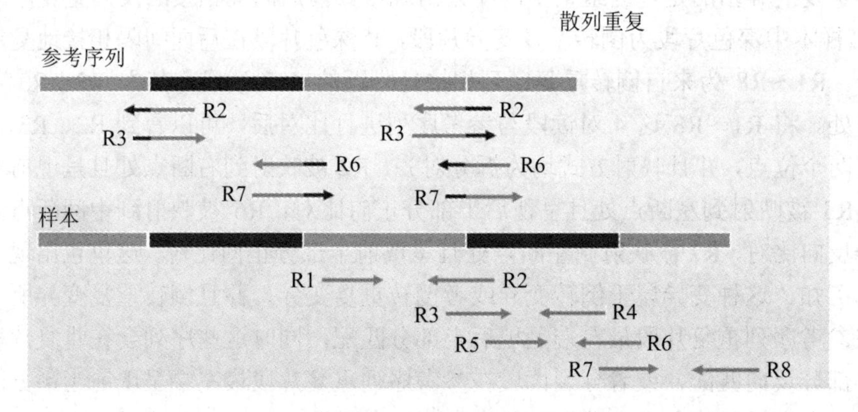

图 5.7　散列重复变异读段比对示意图

5.2.7 串联重复变异

串联重复变异指的是基因组某一段序列出现与其前后相接的重复序列。如图 5.8 所示，样本中深色片段为串联重复变异片段，该片段在后面相接地复制了一次。R1～R4 为来自串联重复序列相接处附近的两对读段，其中 R2、R3 跨越相接处，将 R1～R4 两对读段与参考序列进行比对后，可以看到 R2、R3 均映射到两个位点，并且映射方式均为拆分对齐，即 R2、R3 在参考序列 A 点呈现后半部分匹配，并且在 B 点呈现前半部分匹配。由此可知，串联重复变异所产生的分裂读段来自跨越重复序列相接处的读段，并且这些读段会在参考序列重复片段最左端呈现前半部分匹配，同时在重复片段最右端呈现后半部分匹配。

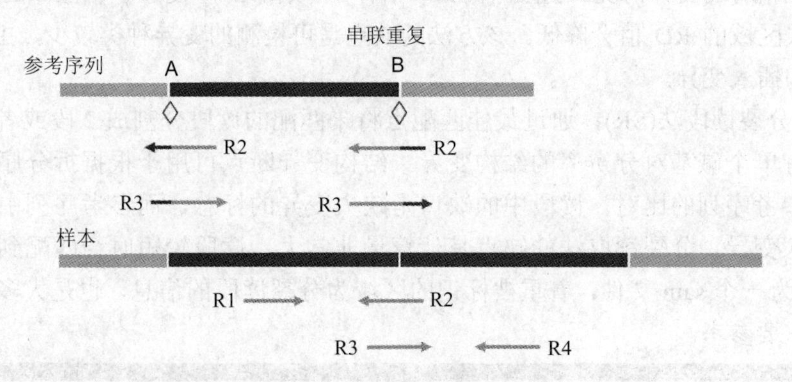

图 5.8　串联重复变异读段比对示意图

5.3 结构变异检测方法

5.3.1 结构变异检测方法介绍

新一代测序技术(NGS)彻底改变了基因组结构变异的整体研究，取代了微阵列作为研究基因组重排的主要平台。NGS 平台基于循环阵列测序，可以同时测序数百万个长度为数百个碱基对的 DNA 短读段，并且可以在 3 天内测序整个人类基因组，而成本却是以前方法的五百分之一。

目前，有 4 种用于结构变异的检测策略，它们分别是配对末端图谱法(PEM)、读段深度法(RD)、分裂读段法(SR)和从头组装法(AS)。

(1) 配对末端图谱法(PEM)：利用比对距离和读段间的位置关系确定变异大小及位置，基于对双端读段的跨度和方向进行评估。收集读对的映射范围和方向与预期插入大小不一致的读段对。通过这种方法可以确定几种结构变异类型。若读对的映射距离太远，则为缺失变异；若读对的长度比预期短，则为插入变异。此外，若读对方向不一致，则表示倒转变异或特定类型的串联重复变异。该方法的缺点是检测到的变异位置不够精确，不能达到碱基对级别。这是因为所用的是统计学方法，所以数据异常必须足够大才能被检测到，即对于小片段不敏感。

(2) 读段深度法(RD)：利用各位点的覆盖度确定变异大小及位置。目前，有两种利用 Read Depth 检测变异的策略。一种是通过检测样本在参考基因组上 read 的深度分布情况来判断；另一种是通过识别并比较两个样本在基因组上存在丢失或重复倍增的区域，以此来获得彼此相对的变异情况。与正常(例如二倍体)区域相比，重复和扩增区域的 RD 值会升高，而对缺失区域的 RD 值会降低。该方法的缺点是可检测的变异种类较少，主要用来检测缺失变异和插入变异。

(3) 分裂读段法(SR)：通过最佳匹配点将未匹配的读段分割成 2 段或者 3 段，并可以检测具有单个碱基对分辨率的结构变异。结构变异断点可用于根据拆分序列读取标志来破坏与参考序列的比对。读段中的缺口是缺失变异的标志，而参考序列中的延伸则反映的是插入变异。分裂读取法的缺点是计算量非常大，读段较短时会匹配到很多位点。图 5.9 所示为一个 sam 文件，着重被标识的区域为分裂读段的信息，也是大多检测软件进行分类的重要参考。

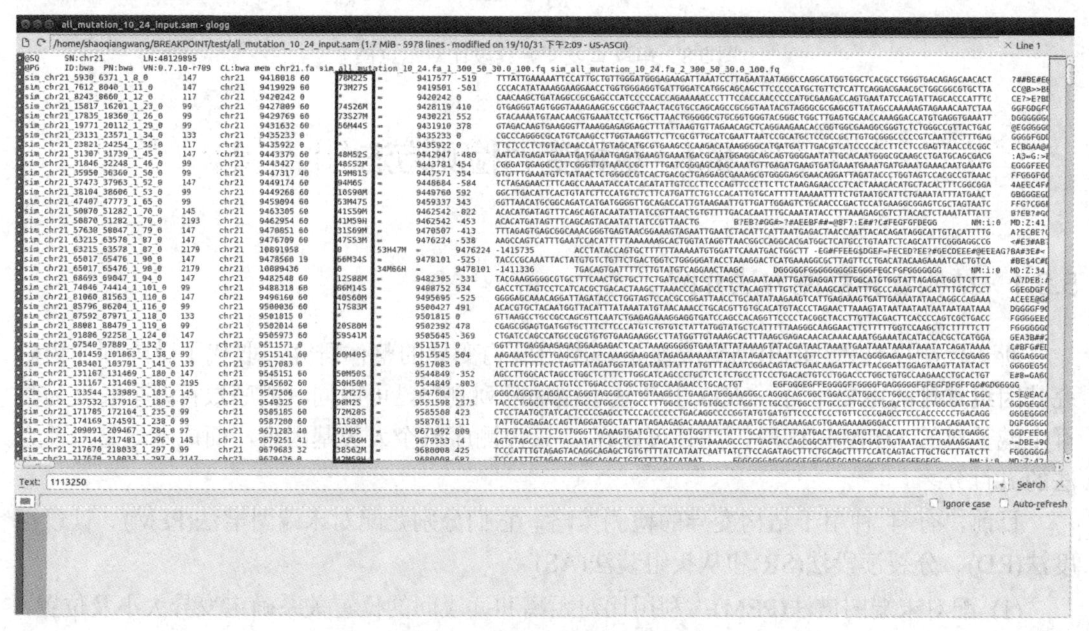

图 5.9　sam 文件中分裂读段信息

(4) 从头组装法(AS)：将短读段基因重新组装使之变长。理论上，所有形式的结构变异都可以通过从头组装法进行研究。从头组装是指合并和排序短片段，然后重新组装为原始序列。NGS 数据的固有特征(例如读取长度)限制了使用 AS 方法进行变体研究。组装实际上是十分困难的，基因组上存在的重复序列也会严重影响组装的质量。此外，可以利用不一致和裁剪的读取信息方法来研究特定类别的结构变异，例如移动元素(Move Element，ME)的插入。

如上所述，PEM 方法和 SR 方法都适用于检测几类结构变异，包括插入变异和倒转变异。值得注意的是，PEM 方法无法检测到大于平均插入片段的新颖插入变异。

5.3.2　结构变异检测工具

基于读段深度法(RD)、配对末端图谱法(PEM)、分裂读段法(SR)和从头组装法(AS)等思想，已出现了一些成熟的基因结构变异检测工具。目前，已有的基于检测读对簇的结构变异工具有 BreakDancer、VariationHunter、PEMer 和 GASV。

可以根据两种策略来定义聚类。标准聚类策略依赖于两个参数：具有相似特征读段的最小数目和平均插入片段最大标准偏差。最大标准偏差值是固定的，并且可能无法检测到跨越相同基因座的事件，从而导致插入片段标准偏差值很小。

基于分布的方法，例如 MoDIL，利用了跨越基因组特定位置的所有定位的局部分布。当局部分布相对于典型的插入片段发生偏移时，将生成读段簇，这种方法允许检测较小的事件，还可以检测到两个重叠的插入片段的存在，因此可以区分纯合变异和杂合变异。

在该方法的第一个实现中，例如 Break Dancer，丢弃了具有多个映射的读段，因此，无法研究基因组的重复区域(包括节段重复和拷贝数扩增)。值得注意的是，BreakDancer 可以识别染色体间和染色体内的易位。MoDIL、VariationHunter 和 CLEVER 等工具用于处理多个映射读段。CLEVER 使用基于插入大小的方法来构建具有所有读数的图形，并根据最大集团评估结构变异，对于 50 bp～100 bp 的插入变异或缺失变异，该方法有特别的优化功能。

Pindel、Splitread 和 Gustaf 等算法使用 NGS 双端读段来识别结构变异(或 Indel)事件。SR 方法利用了末端锚定读段的优势，即由于存在潜在的结构变异或插入缺失断点而将一个末端锚定到参考基因组。基于 SR 的工具只能应用于唯一的参考区域。

Pindel 利用模式增长来实现目标区域的最佳匹配，并利用 SSAHA2、BWA 或 Mosaik 映射读段。必须强调的是，最新版本的 Pindel 将读段集成到 SR 信息中。Splitread 使用平衡拆分作为种子搜索拆分阅读的簇，该工具在理论上可以检测到没有大小限制的缺失变异，而对于插入变异，检测范围则取决于测序文库。Pindel 可以准确识别出比读取长度短的插入序列，但是较大的插入序列只能在插入序列大小范围内大致表征。Splitread 适用于使用 mrsFAST 对齐以发现插入、缺失等结构变异以及全局事件和假基因的 WGS/WES 读取。

从头组装可以检测结构变异的所有形式，但是由于 NGS 读段的长度有限，因此这种方法的应用仍然具有挑战性。

AS 方法首先被用于 Sanger 测序数据(以 300 bp～1000 bp 的读取长度为特征)，并且已从原始的字符串图方法已扩展到 de Bruijn 图法。

Magnolya 使用 Poisson 混合模型(Poisson Mixture Model，PMM)从 NGS 测序数据共同组装的重叠群中检测 CNV。本书使用重叠布局共识汇编器生成重叠群字符串图。重叠群字符串图的功能在于该图可以代表读段的节点和代表重叠的边。图的最终形式是通过传递、化简和结合产生的。在生成的重叠群字符串图中，每个节点代表一个折叠的读段集合，称为重叠群。然后，引入了用于对读取计数进行建模的 PMM 方法，以估计重叠群的拷贝数。一旦针对基因组中重复区域的存在对模型进行了校正，并且已包含有关倍性的先验知识，便可以通过最低的贝叶斯信息准则选择具有最佳泊松分布的模型。因此，可以通过最大后验估计来推断拷贝数的数量。值得注意的是，该方法可以在没有参考可用的情况下应用，但受到 NGS 平台典型短读段长度的限制。

Cortex 使用的是彩色的 de Bruijn 图，其边缘和节点的颜色代表不同的样本，可能还包含参考序列或已知变异，以组装 NGS 读段。图由代表长度为 k 的碱基的一组节点组成，在输入中用连续出现的有向边连接 k-mer(k-mer 指对于测序数据迭代，选取长度为 k 的序列片段)。Cortex 软件包包括用于发现变体的 4 种算法。例如，可以利用气泡调用算法来检测单个二倍体彩色 de Bruijn 图中的变异气泡。使用参考基因组有助于鉴定变异体，并且对于研究纯合变异体位点必不可少。然而，该方法的灵敏度随变异的增大而降低。Cortex 工具已经在人类数据上进行了广泛的测试。

上述方法均不能以高灵敏度和特异性捕获全范围的 SV 事件。RD 方法可以准确预测绝对拷贝数，但断点解析度通常不足，并且无法检测到诸如反转和新序列插入等事件。另一方面，PEM 和 SR 方法在重复区域显示出较低的灵敏度。目前，已经开发了几种组合了不同方法用于 SV 研究的软件包。

将 RD 用于检测长度较大的变异，将 PEM 用于准确识别断点，可以减少误报的次数。对基因组 STRiP 利用 PEM、RD、SR 和种群规模模式可以检测基因组结构多态性。

目前，也已经开发了实现 PEM 和(本地)AS 的软件包以及利用 SR 和 RD/PEM 的工具，例如 SVseq、MATE-CLEVER 和 PRISM。PRISM 已在模拟数据上进行了测试，并与 Pindel、SVseq、Splitread 和 CREST 进行了比较。DELLY、SoftSearch、LUMPY 则是专门用于检测与拷贝数相关的结构变异的几种方法。值得注意的是，DELLY 适用于检测拷贝数缺失和串联复制事件以及平衡的重排，例如倒位或倒易位；而 SoftSearch 是为 WGS、WES 和 CC 数据设计的；LUMPY 旨在集成信号，而不是用次要信号完善主信号。此外，LUMPY 结合了来自多个样本的不同类型的信息。

在比对结果中，分裂读段的出现通常是由供体基因组中各种结构变异造成的，因此分裂读段为结构变异的检测提供了非常有价值的信息，尤其是在结构变异断点的精确定位方面，在前面介绍结构变异分类中已有提及。

5.4　结构变异仿真实验与具体操作步骤

本节的仿真是基于人类参考基因组第 21 号染色体的，采用数据仿真软件 SinC 来生成大量短读段序列数据集，以用于仿真研究。为了全方位地评估检测软件的性能，一般会做多组仿真实验，比如第一组实验主要测试检测方法与其他同类型方法对于不同长度的结构变异的检测能力；第二组实验主要测试检测方法在包含多种其他变异的噪声影响下对于结构变异的检测能力。

图 5.10 所示为以 21 号染色体为例生成完整仿真数据的过程。

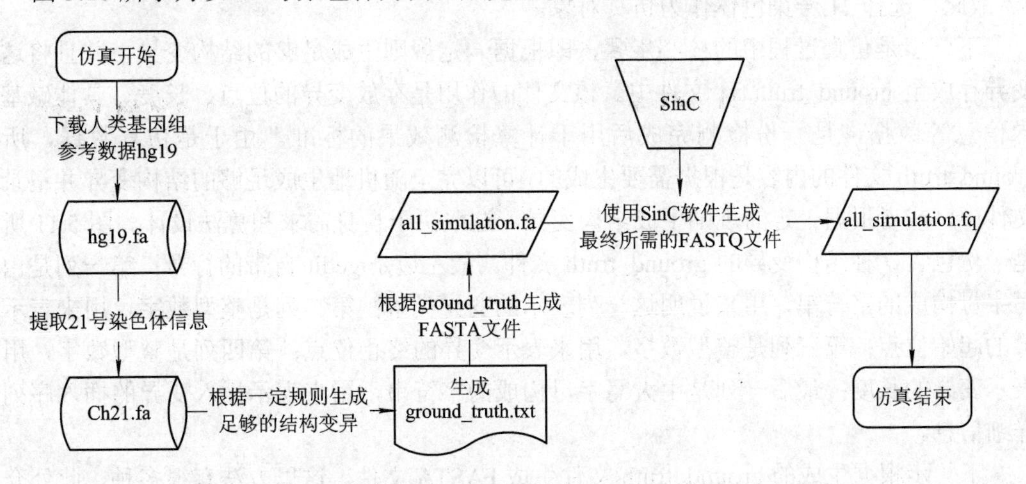

图 5.10　仿真实验具体操作步骤流程图

仿真是从 FASTA 数据出发的，在生物信息学中，FASTA 文件格式是一种基于文本的格式，常用于计算机中核苷酸序列的存储。目前，主流的人类参考基因组数据库主要有 NCBI 数据库、UCSC 基因组数据库和 Ensembl 基因组数据库，这三大数据库对相同的人类参考基因组版本命名有所不同，彼此之间可以相互转换。这里用到的人类参考基因组来自 UCSC 基因组数据库，UCSC 基因组数据库的人类参考基因组主要有 hg18、hg19 及 hg38 等版本，目前最新发布的人类参考基因组版本为 hg38，但大多数现有研究所针对的人类参考基因组依然是 hg19。使用人类参考基因组 hg19 可以有更多的基因注释信息及公共数据分析结果为研究提供支持，所以 hg19 的使用更为广泛。因此，本书所使用的人类参考基因组版本号也是 hg19，其由 22 条常染色体、XY 性染色体及 M 线粒体染色体组成，整个参考基因组包含大约 30 亿个碱基信息。

首先，需要从 hg19 中找到 21 号染色体对应的 FASTA 数据，直接使用整个 hg19.fa 也是可以的，但是如前文所说，hg19 包含大约 30 亿个碱基信息，由于其数据量巨大，因此操作速度比较缓慢。如果只是证明检测方法的可行性，那么只挑选最小的常染色体的数据可以有效减少开销。21 号染色体是男女共有的染色体，也是人体最小的常染色体(人类的染色体编号是按照染色体大小递减来排列的，1 号染色体最大，2 号次之，以此类推。由于早期科研的失误，大小区分不精确，21 号染色体才是人类最小的常染色体，而不是 22 号)。此外，21 号染色体变异率较高，比如 21 号染色体三体综合征，是生殖细胞在减数分裂过程中，由于某些因素的影响导致不分离所致，其发生率在出生婴儿中为 1.45‰，或约为 1/700，实际发病率高于此值，因为约一半以上病例在妊娠早期即自行流产，男女之比为 3∶2。故此，选择 21 号染色体作为仿真对象。

下一步是仿真过程中的核心步骤，即根据一定规则生成足够的结构变异，并且将这些变异存放至 ground_truth.txt 文件中。该文件的作用是存放变异的位点、长度、具体碱基变异信息等数据，是一份检测完成后用于计算检测效果的标准。由于是仿真数据，所以 ground_truth 文件的内容是根据需要生成的，可以完全随机地生成足够的结构变异并记录到文件中，或者根据一定的规则生成结构变异，这取决于自身需求和算法设计。图 5.11 所示是一份包含 7 种结构变异的 ground_truth 文件。最左边是 gedit 自带的行号；第一列是由大写字母构成的字符串，用来说明这一列表示的变异类型；第二列是整型数字，用来表示变异的起始位点；第三列是整型数字，用来表示变异的终止位点；第四列是整型数字，用来表示变异的长度；最后一列是由大写字母构成的字符串，用来表示插入变异的插入序列的详细信息。

下一步根据生成的 ground_truth 文件生成 FASTA 文件。这里方法有很多种，此处介绍一种拼接的方法，即将 Ch21.fa 文件作为字符串数据，在拼接还原成整条 21 号染色体的过程中，逐条读取 ground_truth 文件中的变异数据，对拼接过程做出改变。这样 ground_truth 文件中只需存放起始位点、变异长度和插入的具体碱基序列信息，实验完成后计算检测效果时操作简单，容易比较。

```
ground_truth.txt (~/Lucifer/仿真) - gedit
打开(O) ▾                                                            保存(S)
45 I 86904 80 AACGCGTTAAACATTCCGCCTGGGGAGTACGGTCGCAAGATTAAAACTCAAAGGAATTGACGGGGGCCCGCACAAGCGGT
46 I 88835 254
   ACATCCCGATCGCGGAAGGTGGAGACACCTCCCTTCAGTTAGGCTGGATCGGTGACAGGTGCTGCATGGCTGTCGTCAGCTCGTGTCGTGAGATGTTGGGTTAAGTCCCGCAACGAGCGCAACCCTCGCCCTTAGTTGCCATCATTAAGT
47 I 90813 310
   TCTCAGTTCGGATTGCACTCTGCAACTCGAGTGCATGAAGTTGGAATCGCTAGTAATCGTGGATCAGCATGCCACGGTGAATACGTTCCCGGGCCTTGTACACACCGCCCGTCACACCATGGGAGTTGGTTTACCCGAAGGTGCTGTGC
48 I 92775 154
   TTAGTGGGGGACAACATTTCGAAAGGAATGCTAATACCGCATACGTCCTACGGGAGAAAGCAGGGGATCTTCGGACCTTGCGCTAATAGATGAGCCTAAGTCGGATTAGCTAGTTGGTGGGGTAAAGGCCTACCAAGGCGACGATCTGTA
49 I 94773 103 TACGGGAGGCAGCAGTGGGGAATATTGGACAATGGGCGCAAGCCTGATCCAGCCATGCCGCGTGTGTGAAGAAGGCCTTATGGTTGTAAAGCACTTTAAGCGA
50 D 96772 237
51 I 98755 211
   AATAAGCACCGGCTAACTCTGTGCCAGCAGCCGCGGTAATACAGAGGGTGCAAGCGTTAATCGGATTTACTGGGCGTAAAGCGCGCGTAGGCGGCTAATTAAGTCAAATGTGAAATCCCCGAGCTTAACTTGGGAATTGCATTCGATACT
52 INV 100000 205
53 INV 102000 111
54 INV 104000 300
55 INV 106000 400
56 INV 108000 50
57 TRS 130000 130300 123 213
58 TRS 132000 132354 120 111
59 TRS 134000 134401 56 178
60 TRS 136000 136378 159 324
61 TRS 138000 140000 222 111
62 TAN 170000 123
63 TAN 172000 159
64 TAN 174000 56
65 TAN 176000 324
66 TAN 178000 421
67 ITE 210000 210456 123
68 ITE 212000 212345 111
69 ITE 214000 214250 58
70 ITE 216000 216300 164
71 ITE 218000 218432 213
72 IVE 250000 250412 132
73 IVE 252000 252321 147
74 IVE 254000 254347 168
75 IVE 256000 256486 200
76 IVE 258000 258555 55
纯文本 ▾   制表符宽度：8 ▾   行 59，列 25   ▾ 插入
```

图 5.11　结构变异 ground_truth 样例图

最后一步是使用 SinC 软件将 FASTA 文件模拟双端测序仿真为 FASTQ 文件。SinC 是一款可以模拟各种类型的生物学变异并且生成短序列读段的数据仿真软件，由变异模拟和读段生成两部分组成，本文主要使用的是软件中的读段生成功能。SinC 的一大优势在于其生成仿真测序数据时基于真实的错误模型，该软件利用 Illumina 测序平台真实测序数据的测序质量，根据不同长度的真实测序读段生成相对应的错误模型，然后利用错误模型生成相应长度的仿真读段数据；另一大优势在于其利用多线程算法生成仿真读段，在运行阶段对于 CPU 与内存的利用率更高，生成仿真数据的时间更短。

至此，整个仿真流程结束。

本 章 习 题

1．简要介绍基因组结构性变异。

2．基因组结构变异包括________、________、________、________、________、________。(任意写出 5 种)

3．简要描述简单结构变异和复杂结构变异，并说出两者的区别与联系。

4．结构变异可以分为哪些类型？对每种类型加以说明。

5．判断图 5.12 所示变异分别是哪种类型的结构变异？

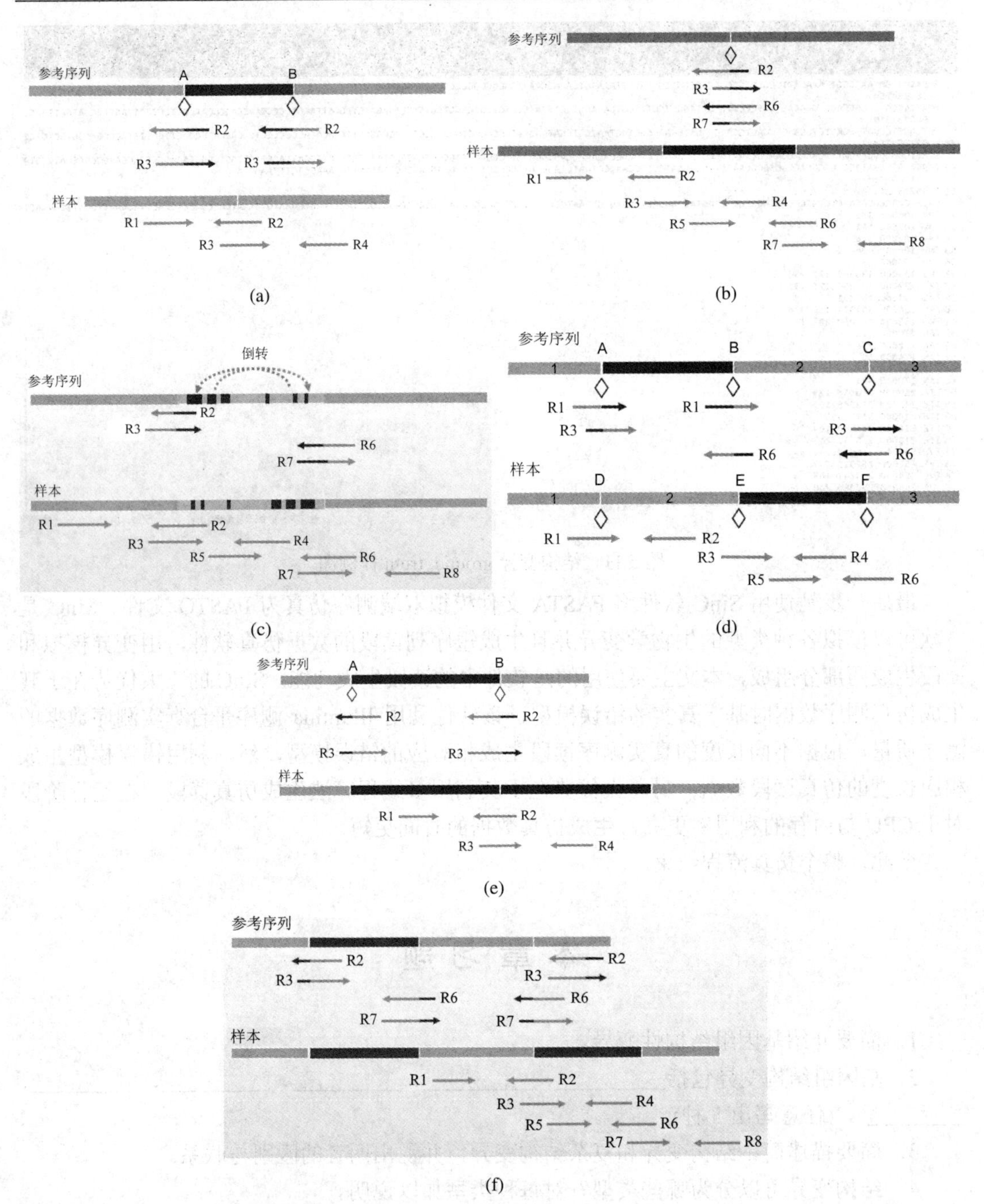

图 5.12　几种类型的结构变异

6. 补全以下 SV 仿真流程图。

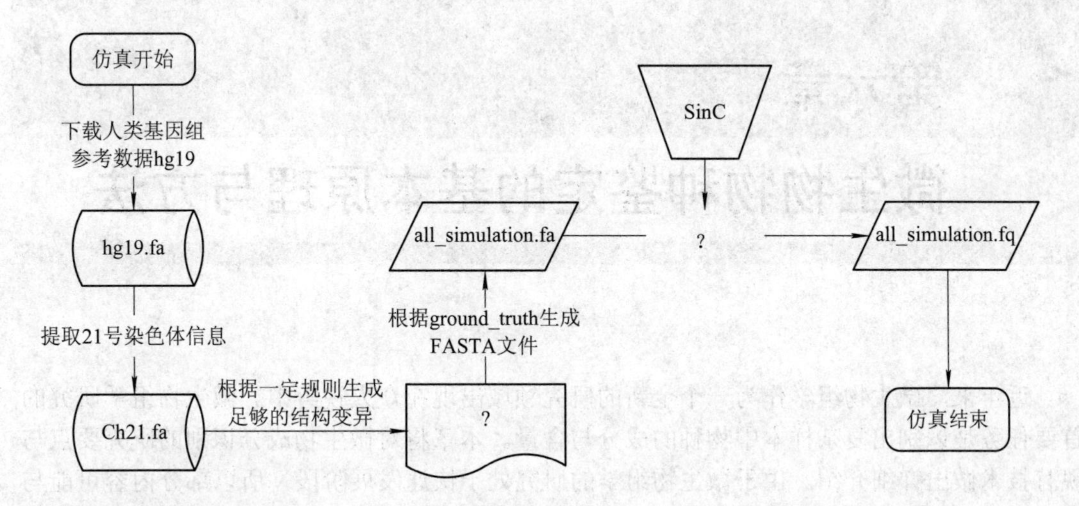

7. 实验题：根据第 6 题中的 SV 仿真流程图，完成一次 SV 仿真过程。

8. 目前用于结构变异的检测策略有哪些？

9. 分别介绍 Pindel、Splitread 和 Gustaf 算法。

10. 现有的用于基因结构检测的软件有哪些？尝试使用一款并且对这款软件进行介绍。

第六章 微生物物种鉴定的基本原理与方法

近年来，微生物组学作为一个全新的研究领域出现在众人视野中。微生物组学研究的首要任务是识别出复杂样本中物种的成分与含量。本章将对微生物成分识别的研究要点与现有技术做出详细介绍。由于微生物组学的研究处于快速发展阶段，所以部分内容可能与最新技术稍有差异，但它们是微生物研究的基本出发点，对微生物的认知与探索具有重要意义。

6.1 微生物简介

人类的发展史是与传染病抗争的历史，每次战胜大规模疾病的过程，都是一部可歌可泣的英雄史。比如，1347 年，席卷整个欧洲的“黑死病”在 5 年内夺走了两千多万人的性命，让欧洲人口锐减三分之一，后来断续蔓延了两百多年，导致几千万人死亡。1818 年，霍乱在印度和英国第一次爆发，后来八次霍乱大流行，使整个北半球惴惴不安，死亡人数达上千万。2019 年底，爆发的新型冠状病毒让整个世界又一次进入警报状态，全世界共同抗“疫”成了 2020 年的头等大事。对于微生物的研究将有助于人类在评估自身健康状况、研发流行病用药以及遗传病早期筛查等方面取得突破性进展。

6.1.1 常用数据库

近年来，新一代测序技术(NGS)的普及，使得大规模、高通量、低成本的测序数据获取成为可能，大大推动了微生物组学研究的发展。16S rRNA 为核糖体 RNA 的一个亚基，16S rDNA 就是编码该亚基的基因。细菌rRNA(核糖体 RNA)按沉降系数分为 3 种，分别为 5S rRNA、16S rRNA 和 23S rRNA。

16S rDNA 是细菌的系统分类研究中最有用和最常用的分子钟，其种类少、含量大(约占细菌 DNA 含量的 80%)、分子大小适中，存在于所有的生物中，其进化具有良好的时钟性质，在结构与功能上具有高度的保守性，素有“细菌化石”之称。在大多数原核生物中，rDNA具有多个拷贝，其中，5S Rdna(简称 5S)、16S rDNA、23S rDNA 的拷贝数相同。16S 大小适中，每组大小约 1.5 kb，既能体现不同菌属之间的差异，也能通过测序技术较容易地得到其序列，因此被细菌学家和分类学家广泛接受。

在做微生物组学的研究时，经常需要各种各样的数据库来支撑研究，下面对微生物组学常用的 5 种数据库做介绍。

1．RDP

RDP(Ribosomal Database Project)数据库中包含真菌的 28S rRNA 基因序列、细菌与古菌的16S rRNA基因序列。2016年9月30日更新的数据库RDP Release 11.5中共包含125 525 条真菌的 28S rRNA 基因序列和 3 356 809 条比对的原核 16S rRNA 基因序列。RDP 被选作常见菌株鉴定的数据库。除此之外，其内部的 Classifier 功能(http://rdp.cme.msu.edu/classifier/classifier.jsp)可以确定一条 rRNA 测序读段来自“界、门、纲、目、科、属、种”各级分类的置信水平。RDP 数据库的地址为 http://rdp.cme.msu.edu/index.jsp。

2．Greengenes

Greengenens 是细菌、古菌 16S rRNA 基因常用的数据库，该数据库的更新速度较慢。许多热点研究领域，如从 16S rRNA 高通量测序中分析物种多样性、群落演化以及生物功能分析等，都是基于 Greengenes 的 gg_13_5 版本数据库做的研究。Greengenes 数据库的地址为 http://greengenes.lbl.gov/。

3．EzBioCloud

EzBioCloud 是针对可培养的细菌、古菌 16S rRNA 基因为主的物种数据库。该数据库通过将测序读段与数据库比对，可以确定某条 16S rRNA 测序序列对应物种在数据库中的近缘可培养种。相比于 RDP 和 Greengenes 数据库，EzBioCloud 较少用于 16S 高通量测序后的比对。EzBioCloud 数据库的地址为 http://www.ezbiocloud.net/ dashboard。

4．PhytoREF

PhytoREF 数据库包含陆地、淡水、海洋中含质体生物的 16S rRNA 基因序列，可用于各类植物、微型藻类的质体物种检测。PhytoREF 数据库的地址为 http://phytoref.sb-roscoff.fr/。

5．Silva

Silva 是一个包含细菌、古菌、真核 rRNA 基因序列的大型数据库，截至 2020 年 1 月，最新版本为 Silva SSU and SU databases 128（https://www.arb-silva.de/no_cache/download/archive/release_128/）。在线物种分析工具 SilvaNGS 可用于样本中的物种注释。Sliva 数据库最大的优点是包含了庞大的 16S rRNA、18S rRNA 以及 23S rRNA 和 28S rRNA 基因序列，

是最大最全的微生物数据库，但是它的假阳性较高，在使用时需要根据应用领域做出选择。Silva 数据库的地址为 https://www.arb-silva.de/。

除此之外，常用的数据库还有 PR2、NCBI Blast 等。

6.1.2　微生物组学研究的意义

微生物组学研究具有如下重要意义：

(1) 理论意义。微生物组学脱离传统的基于同源性的鉴定技术，提出衡量各种比对形式与判断物种存在性的全新方法，为解决现存算法中存在的类型鉴定准确性与浓度检测灵敏度低的问题提供了新思路，对微生物组学的基础研究有重要的理论意义。

(2) 生物意义。微生物组学旨在揭示微生物群落中物种组成与浓度大小，为微生物群落的多样性分析、物种在环境中的依赖关系、种群数量与结构变化的规律、人类微生物组学等众多方面研究提供了新视角。

(3) 应用价值。微生物组学以精确识别病变样本中的致病菌与浓度为出发点，可实现临床治疗中快速、准确的致病菌诊断，避免抗生素滥用带来的病原体扩展和流行，从而使得对感染疾病的针对性、高效和低毒副作用的精准药物治疗成为可能。

6.1.3　微生物组学面临的挑战

基于高通量测序数据的微生物成分及浓度检测方法研究面临着很多难点与挑战，具体表现在以下几个方面：

(1) 物种的多样性。当样本中包含未知物种时(即某些测序读段所属的物种不存在于物种数据库中)，测序读段往往会错误地比对到类似于“亲戚”属或“亲戚”种的其他物种上，这会导致物种成分鉴定结果的假阳性过高。所以，当样本中包含未知物种类型时，检测算法需要提供无偏差的物种成分鉴定与浓度估计。

(2) 16S rDNA 序列间的相似性(高达 98%)。在检测过程中，某一物种特定区域的读段常常会集中地比对到另一物种的特定区域。仅仅考虑“物种下比对到的读段数量”这单一信息的传统检测方法已经无法满足物种类型的鉴定。从理论而言，物种上所有位点的覆盖率越均匀，则该物种存在的可能性越大。新型算法应该寻找更多维度的信息作为物种成分鉴定与浓度估计的准则。

(3) 无法避免测序仪产生的测序错误。样本在上机测序时，加入的标记物会与样本中的序列反应并释放电信号，当多个电信号叠加时，测序仪无法准确地识别出每个信号所对应的碱基类型。若测序读段中出现连续的单一碱基序列，则该读段的测序出错率会越大。测序仪产生的错误是难以避免的，这会为物种成分的鉴定造成极大的干扰。

(4) 物种数据库单一。致病细菌的数量庞大，且呈现区域性，而现有的数据库单一，将其作为所有临床样本比对的参考基因组库有可能会造成致病菌物种的识别错误。

6.2　微生物数据预处理与分析

在了解微生物的数据处理之前，我们先介绍几个与微生物相关的概念，包括 HVR、gap、比对状态、碱基测序错误量化等相关知识。

6.2.1　微生物的可变区

16S 的大小适中，长度约为 1500 bp，种类少，含量大(约占细菌 RNA 含量的 80%)。16S 序列包含 10 个高度保守区和 9 个可变区(Hyper-Variable Region，HVR)，可变区用于表征不同菌属之间的差异，保守区用于表征物种的亲缘关系。不同等级的 16S 的 HVR 序列差异非常明显，而种族关系相近的 16S 的保守区序列高度一致。所以，16S 的 HVR 对微生物的等级划分起着至关重要的作用。图 6.1 所示为 16S 的可变区域分布图。

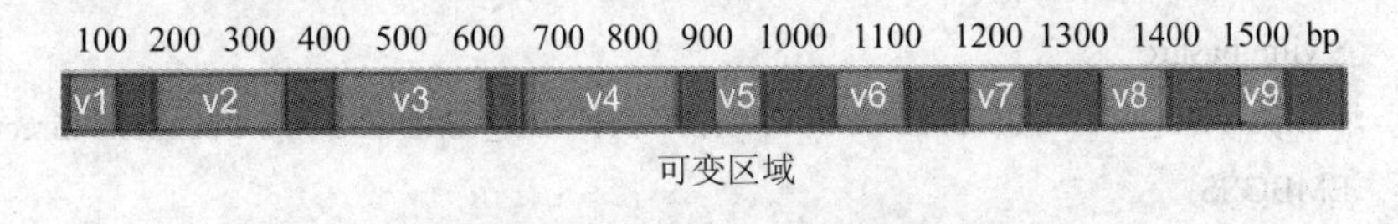

图 6.1　16S 的可变区域分布

HVR 对于 16S 的重要性相当于身份证号对于一个人的重要性，越全面越完整的 HVR，越能够准确地识别出一个物种。在如今的生物技术中，我们可以通过引物对来扩增出 16S 的 HVR。HVR 的提取相对困难，在实际的生态环境下，通常只能扩增出 1～2 个 HRV，这给物种在属/种水平上的类型识别也带来了不小的挑战。最新的研究进展表明，可以借助计算机程序利用不同的引物对来提取 16S 的各个 HVR。

HVR 的实质就是一段碱基序列，引物是扩增一个序列片段的序列。利用前后两个引物(即一个引物对)分别对应 HVR 的首末两端，可将某个特定的 HVR 从 16S 序列中提取出来。提取 16S 的 HVR 工具为 EMBOSS，安装过程如下所示，表 6-1 所示为引物对列表。

```
1.  a. Download:
2.     ftp://emboss.open-bio.org/pub/EMBOSS/EMBOSS-6.6.0.tar.gz
3.  b. Unzip and install:
4.     $ tar -xvf EMBOSS-6.6.0.tar.gz
5.     $ cd EMBOSS-6.6.0
```

```
6.  $ ./configure
7.  $ make
8.     (Attention: if error occurs : "…, without plugin: x11", execute the following command:
9.     $ ./configure --without-x
10.    $ make
11.    )
12.    $ sudo make install
13.    c. Check whether installation is successful:
14.    $ wossname -auto |more
15.    (Attention:
16.    If command usage appears, then EMBOSS is installed successfully;
17.    If error occurs:"…, wossname: error while loading shared libraries: libnucleus.so.6: cannot open
       shared object
18.    file: No such file or directory", you should input the following command:  $ sudo /sbin/ldconf ig
19.    )
20.    d. Add EMBOSS into profile:
21.    $ vim .bashrc
22.    $ export Dir_EMBOSS/EMBOSS-6.6.0:$PATH  #Dir_EMBOSS is the abosulte directory of
       EMBOSS
23.    $ source .bashrc
```

表 6-1　16S 的引物对列表

可变区	前向引物	后向引物
HVR2	AGYGGCGNACGGGTGAGTAA	TGCTGCCTCCCGTAGGAGT
HVR3	CCTACGGGAGGCAGCAG	ATTACCGCGGCTGCTGG
HVR4	AYTGGGYDTAAAGNG	TACNVGGGTATCTAATCC
HVR5	AGGATTAGATACCCT	CCGTCAATTCCTTTGAGTTT
HVR6	TCGAtGCAACGCGAAGAA	ACATtTCACaACACGAGCTGACGA
HVR7	GYAACGAGCGCAACCC	GTAGCRCGTGTGTMGCCC
HVR8	ATGGCTGTCGTCAGCT	ACGGGCGGTGTGTAC

EMBOSS 的使用命令如下：

```
~$ fuzznuc -sequence Ref.fasta -pattern PatternString -outfile Result.fuzznuc
```

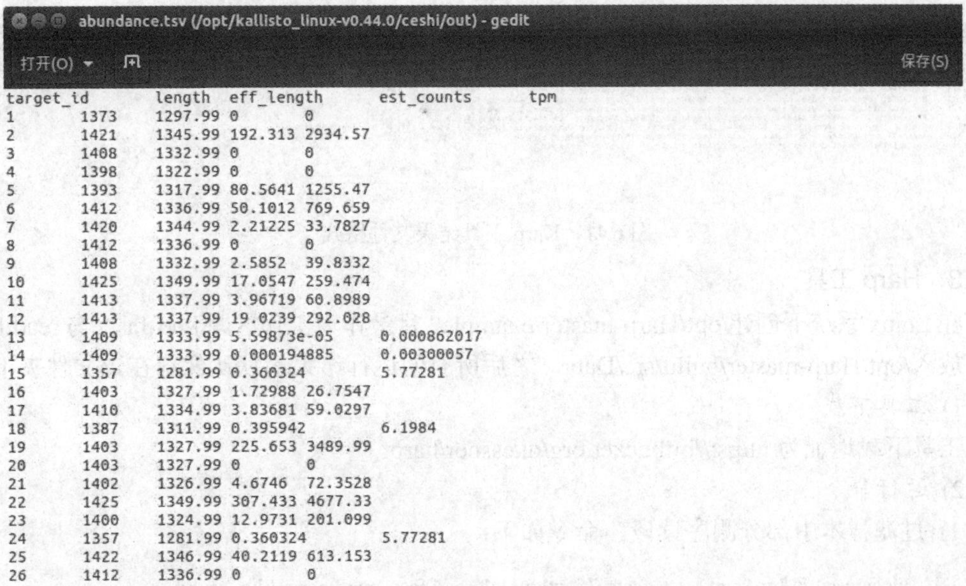

abundance.tsv (/opt/kallisto_linux-v0.44.0/ceshi/out) - gedit

打开(O) 保存(S)

target_id	length	eff_length	est_counts	tpm
1	1373	1297.99	0	0
2	1421	1345.99	192.313	2934.57
3	1408	1332.99	0	0
4	1398	1322.99	0	0
5	1393	1317.99	80.5641	1255.47
6	1412	1336.99	50.1012	769.659
7	1420	1344.99	2.21225	33.7827
8	1412	1336.99	0	0
9	1408	1332.99	2.5852	39.8332
10	1425	1349.99	17.0547	259.474
11	1413	1337.99	3.96719	60.8989
12	1413	1337.99	19.0239	292.028
13	1409	1333.99	5.59873e-05	0.000862017
14	1409	1333.99	0.000194885	0.00300057
15	1357	1281.99	0.360324	5.77281
16	1403	1327.99	1.72988	26.7547
17	1410	1334.99	3.83681	59.0297
18	1387	1311.99	0.395942	6.1984
19	1403	1327.99	225.653	3489.99
20	1403	1327.99	0	0
21	1402	1326.99	4.6746	72.3528
22	1425	1349.99	307.433	4677.33
23	1400	1324.99	12.9731	201.099
24	1357	1281.99	0.360324	5.77281
25	1422	1346.99	40.2119	613.153
26	1412	1336.99	0	0

图 6.10　Kallisto 工具检测结果文件

2．Karp 工具

在 Linux 系统下创建/opt/Karp-master/example 目录作为工作区，将 ref.fasta 与 read.fastq 文件放入/opt/Karp-master/build/src/Data，之后所有的运行结果均默认保存在该文件夹下。

1) 工具下载

工具下载地址为 https://github.com/mreppell/Karp。

2) 运行命令

(1) 建立 raf.fasta 的索引文件，命令如下：

```
ws@wsc:samtools faidx ref.fast
```

(2) 将测序样本压缩，命令如下：

```
ws@wsc:gzip read.fastq
```

(3) 建立 Karp 工具依赖的索引文件，命令如下：

```
ws@wsc:./karp -c index -r Data/ref.fasta -i Data/ref.index
```

(4) 使用 quantify 命令检测样本中物种的类型，结果如图 6.11 所示，第一列是物种编号，第二列是该物种下覆盖的测序读段数量，第三列是物种的分类等级。

```
ws@wsc:./karp -c quantify -r Data/ref.fasta -i Data/ref.index -f Data/reads.fq.gz -o Data/fre -t Data/re
f.tax
```

```
Label	ExpectedCounts	Taxa
1075509 1217	Bacteria;Proteobacteria;Alphaproteobacteria;Rhizobiales;Hyphomicrobiaceae;Devosia;
1053898 282	Bacteria;Firmicutes;Clostridia;Clostridiales;[Tissierellaceae];Peptoniphilus;
1104853 900	Bacteria;Cyanobacteria;Gloeobacterophycideae;Gloeobacterales;Gloeobacteraceae;Gloeobacter;
1110992 1435	Bacteria;Firmicutes;Clostridia;Clostridiales;Ruminococcaceae;Ruminococcus;
1072954 1081	Bacteria;Proteobacteria;Alphaproteobacteria;Sphingomonadales;Sphingomonadaceae;Sphingomonas;wittichii;
1023508 1071	Bacteria;Actinobacteria;Actinobacteria;Actinomycetales;Micrococcaceae;Micrococcus;luteus;
1034967 217	Bacteria;Proteobacteria;Alphaproteobacteria;Rhodospirillales;Rhodospirillaceae;Skermanella;
1107030 1295	Bacteria;Verrucomicrobia;[Spartobacteria];[Chthoniobacterales];[Chthoniobacteraceae];DA101;
1078237 1279	Bacteria;Actinobacteria;Actinobacteria;Actinomycetales;Actinomycetaceae;Actinomyces;
1045587 524	Bacteria;Proteobacteria;Betaproteobacteria;Neisseriales;Neisseriaceae;Kingella;
```

图 6.11　Karp 工具结果文件格式

3. Harp 工具

在 Linux 系统下创建/opt/Harp-master/example2 目录作为工作区，将 ref.fasta 与 read.fastq 文件放入/opt/Harp-master/build/src/Data，之后所有的运行结果均默认保存在该文件夹下。

1) 工具下载

工具下载地址为 https://bitbucket.org/dkessner/harp。

2) 运行命令

(1) 过滤样本中部分测序读段，命令如下：

```
ws@wsc:../../bin/qual_hist_fastq 75 example2.read.fastq read.harp_like_multi
```

(2) 计算测序读段的似然分数，此命令中 refseqlist.txt 表示物种库序列中每个物种的序列文件，bamlist.txt 表示每个测序样本的文件名称，如图 6.12 和图 6.13 所示。需注意，在构建 refseqlist.txt 时，应将每个物种单独放在一个 FASTA 文件中，并将所有的物种文件名称统一放入 refseqlist.txt 中。在构建 bamlist.txt 时，需要使用 BWA 和 Samtools 工具将测序样本比对到每个物种序列上，产生一个 bam 文件，最后将该 bam 文件放入 bamlist.txt 中。

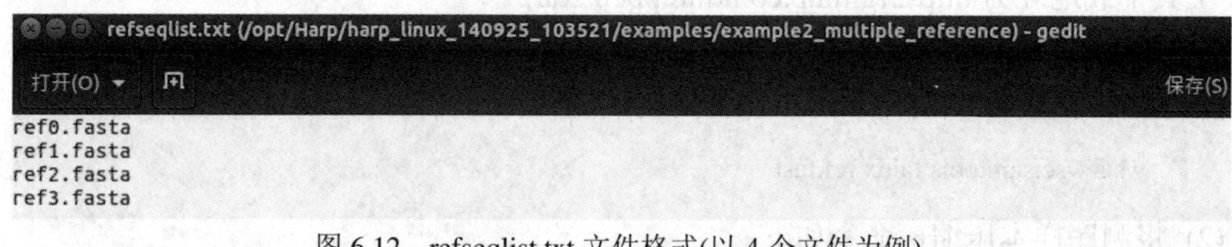

图 6.12　refseqlist.txt 文件格式(以 4 个文件为例)

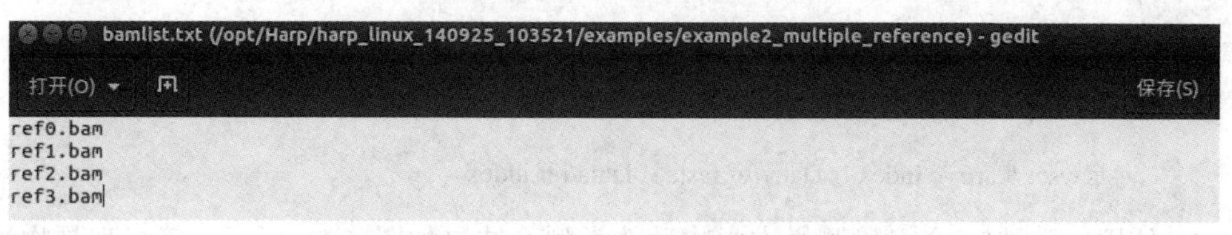

图 6.13　bamlist.txt 文件格式(以 4 个文件为例)

① 使用 BWA 与 Samtools 构建测序文件的索引，命令如下：

```
1. ws@wsc:bwa index ref.fasta
```

```
2. ws@wsc:bwa mem ref.fasta example2.read.fastq > ref.fasta.sam
3. ws@wsc:samtools view -bS ref.fasta.sam > ref.fasta.bam
```

② 使用 harp like_multi 命令产生测序读段的似然分数文件 read.harp_like_multi.config，命令如下：

```
ws@wsc:../../bin/harp like_multi --refseqlist refseqlist.txt --bamlist bamlist.txt --stem example2 -c read.harp_like_multi.config
```

(3) 估计物种的成分与浓度，使用 harp_freq 命令，如下：

```
ws@wsc:../../bin/harp freq --hlk read.hlk
```

该命令最终产生 example2.actual.freqs 文件，如图 6.14 所示，最后 4 列表示每个物种在样本中的浓度值。实验中，当浓度值为 0 时，认为该物种不存在于样本中。

example2.actual.freqs (/opt/Harp/harp_linux_140925_103521/examples/example2_multiple_reference) - gedit
打开(O) ▾　　保存(S)

```
16S 0 2000 0.414873 0.290607 0.195695 0.0988258
```

图 6.14　估计物种浓度结果文件

6.3.4　性能评估

本小节列举在 16S 成分检测与浓度估计领域的评价指标，它们常被用于评估各种工具的性能。

对于仿真样本，已知样本中物种的成分与浓度，可使用 F_1 分数和 RRMSE(Relative Root Mean-Squared Error，相对均方根误差)分别评估 16S 成分检测准确性与浓度估计偏差的指标，计算公式如下：

$$F_1 = \frac{2 \cdot \text{precision} \cdot \text{recall}}{\text{precision+recall}} \tag{6.2}$$

其中：precision 表示准确率，即正确预测存在的物种与所有被预测存在的物种的比例；recall 表示召回率，即正确预测存在的物种与所有真正存在的物种的比例。

$$\text{RRMSE} = \sqrt{\frac{1}{N} \cdot \sum_{i=1}^{N} \frac{(\tau_i - t_i)^2}{t_i}} \tag{6.3}$$

F_1 分数是机器学习领域常用的评价指标，用于综合权衡算法的召回率与准确率。在计算公式中，N 表示该工具检测出的 16S 数量，t_i 表示第 i 个 16S 物种的估计浓度，τ_i 表示第 i 个物种的真实浓度。通常，当工具的 F_1 分数越大，同时 RRMSE 越低时，该工具的检测性能表现越佳。

对于真实数据，很难得知样本中物种的真实成分与浓度，因此使用多个工具对样本进行检测，并对结果使用 ODS(Overlapping Density Score)进行综合分析，第 i 个工具的 ODS 计算公式如下：

$$\begin{cases} \text{ODS}(i) = \text{mean}(i)_{\text{overlap}} \times \dfrac{\text{mean}(i)_{\text{overlap}}}{N(i)} \\ \text{mean}(i)_{\text{overlap}} = \dfrac{\sum\limits_{j=1,\ i\neq j}^{m} |S_i \cap S_j|}{m-1} \end{cases} \tag{6-4}$$

其中：S_{i} 表示第 i 个工具检测出的 16S 物种集合； $N(i)$是 S_{i} 中的物种数量($N(i) = |S_{\text{i}}|$)；m 是所有参与样本检测的工具数量；$\text{mean}(i)_{\text{overlap}}$ 表示第 i 个工具检测结果与其他 m−1 个工具检测结果交集的平均值。通常，工具的 ODS 指标越大，表示该工具的检测效果越好。

另外，在真实样本上，对浓度估计结果的评估暂无统一的指标。在当前现有技术中，临床样本中的浓度仅仅依靠生物手段获取，且以摩尔浓度为单位描述。当使用生物手段检测临床样本的成分与浓度时，无须再使用以上指标来衡量检测结果，而是将检测结果视为最终标准。由于临床生物技术的价格昂贵，所以才使用程序化的工具来检测物种成分，并利用以上指标来衡量各个工具的优劣性。

6.4　微生物物种鉴定实例演示

本节以 Mothur 工具为例，演示从微生物数据仿真到物种成分检测的整个流程。在生物信息学中，Mothur 是微生物分析领域最常用的软件，它的主要思想是将所有的测序读段根据相似度聚类，形成不同的 OTU(Operational Taxonomic Units)单元；从每个 OTU 单元中选取有代表性的测序读段并比对到物种序列数据库；统计每个物种序列下比对到的测序读段数量，得到物种的成分，并绘制物种的发育树。

6.4.1　仿真样本的设计

使用 6.3.2 节的仿真过程设计仿真样本，从 Greengenes 数据库中提取 20 条物种(编号为51～70)作为 ground_truth 文件(命名为 ref.fasta)，同时，从 Greengenes 数据库中再选取 5 条物种作为 Unknown_Ref 文件，ground_truth 与 Unknown_Ref 共同组成待生成测序样本的文件(命名为 generation.fasta)。接下来使用 ART 生成测序样本文件，命令如图 6.15 所示。

```
ws@wsc:/opt/ART$ ./art_illumina -ss HS25 -i ./generation.fasta -o read -l 150 -f 10 -s 10 -sam -ir 0.01 -dr 0.01

    ====================ART====================
             ART_Illumina (2008-2016)
          Q Version 2.5.1 (Apr 17, 2016)
     Contact: Weichun Huang <whduke@gmail.com>
    -------------------------------------------

                  Single-end Simulation

Total CPU time used: 0.36

The random seed for the run: 1590571812

Parameters used during run
        Read Length:    150
        Genome masking 'N' cutoff frequency:    1 in 150
        Fold Coverage:            10X
        First Insertion Rate:     0.01
        Second Insertion Rate:    0.00015
        First Deletion Rate:      0.01
        Second Deletion Rate:     0.00023
        Profile Type:             Combined
        ID Tag:

Quality Profile(s)
        First Read:   HiSeq 2500 Length 150 R1 (built-in profile)

Output files

  FASTQ Sequence File:
        read.fq

  ALN Alignment File:
        read.aln

  SAM Alignment File:
        read.sam
```

图 6.15 仿真工具命令

此时得到一个单端测序数据文件 read.fastq，可以统计出该文件中测序读段有 13 227 条，以 4∶1 的比例从 SRR1639745 中选取 3306 条测序读段放入 read.fastq 中，仿真测序数据受到人类基因测序干扰，本章以仿真得到的 read.fastq 为例进行物种鉴定演示。

6.4.2 应用 Mothur 实现物种成分检测

在 Linux 系统下创建/opt/mothur/ceshi 目录作为工作区，将 ref.fasta 与 read.fastq 文件放入其中，之后所有的运行结果均默认保存在该文件夹下。

1) 工具下载

工具下载地址为 https://github.com/mothur/mothur/releases。

2) 实验过程

(1) 启动 Mothur 工具，命令如下：

```
ws@wsc:/opt/mothur$ ./mothur
```

(2) 计算测序读段间的距离矩阵，命令如下：

```
mothur > dist.seqs(fasta=/opt/mothur/ceshi/readx.fasta,output=lt)
```

该命令产生 ceshi/readx.phylip.fn.sabund、ceshi/readx.phylip.fn.rabund、ceshi/readx.phylip.fn.list 3 个文件。

注意，此处需要输入测序读段的 FASTA 形式。从 read.fastq 中提取每个测序读段的第一行与第三行组成 readx.fasta，格式如图 6.16 所示。

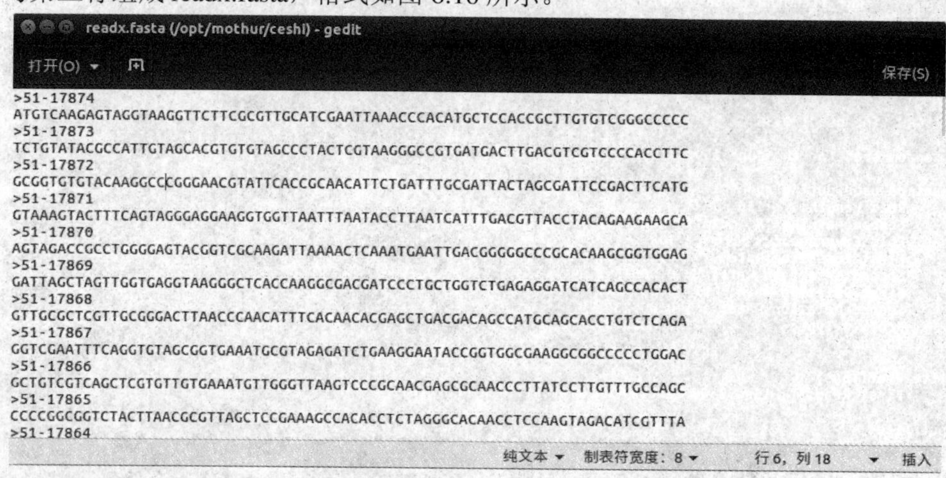

图 6.16　readx.fasta 格式

(3) 对测序读段的距离做 OTU 聚类，命令如下：

```
mothur > cluster(phylip=/opt/mothur/ceshi/readx.phylip.dist,method=furthest,cutoff=0.1)
```

测序读段的距离矩阵如图 6.17 所示，文件中的每个数值表示两两测序读段间的距离值。该命令产生 ceshi/readx.phylip.fn.sabund、ceshi/readx.phylip.fn.rabund、ceshi/readx.phylip.fn.list 3 个文件。

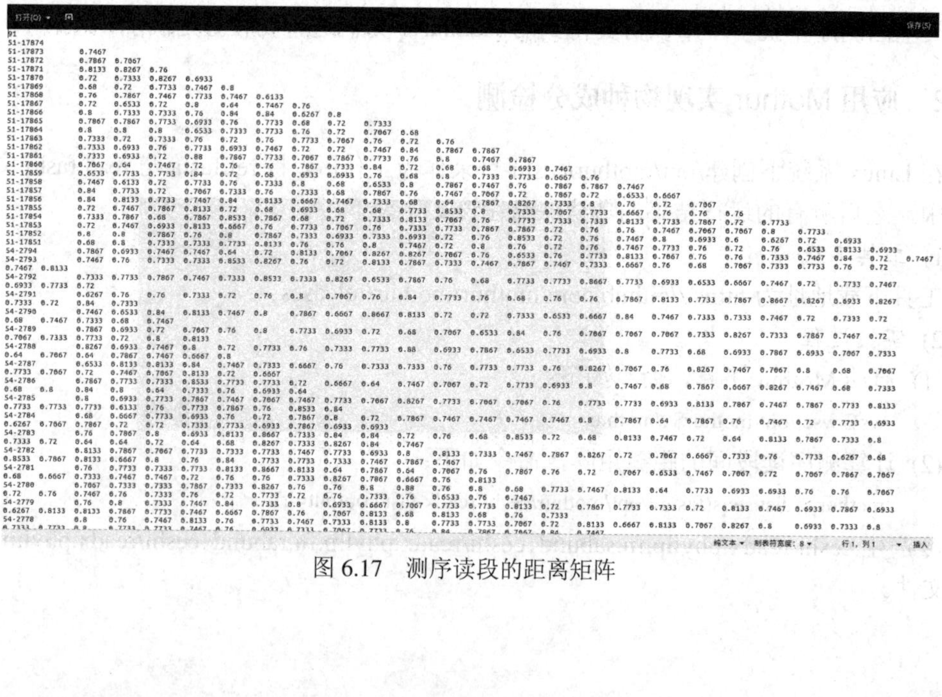

图 6.17　测序读段的距离矩阵

(4) 将测序读段文件(read.fasta)与参考序列文件(ref.fasta)及类型文件(refTax.tax)进行匹配，以检测样本中物种序列的类型。物种序列的类型文件如图 6.18 所示，可以使用简单的编程从 ref.fasta 中提取每个物种的信息，以生成 refTax.tax 格式文件，第一列表示物种名称(本例以序列号表示物种的名称)，第二列表示物种的分类等级。该命令将会产生 ceshi/readx.refTax.wang.taxonomy、ceshi/readx.refTax.wang.tax.summary、ceshi/readx.refTax.wang.flip.accnos 3 个文件。命令如下：

```
mothur >classify.seqs(fasta=/opt/mothur/ceshi/readx.fasta,template=/opt/mothur/ceshi/ref.fasta,taxonomy=/opt/mothur/ceshi/refTax.tax,iters=1000,cutoff=60)
```

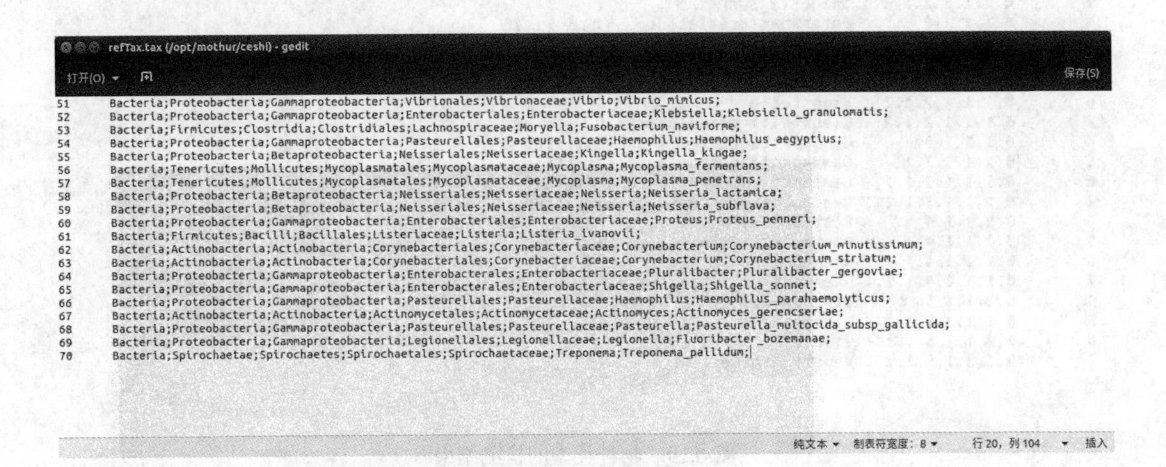

图 6.18　物种序列的类型文件

(5) 生成物种的检测结果，此命令会生成 readx.phylip.fn.unique.cons.taxonomy、readx.phylip.fn.unique.cons.tax.summary、readx.phylip.fn.0.07.cons.taxonomy、readx.phylip.fn.0.07.cons.tax.summary 4 个文件。其中，readx.phylip.fn.unique.cons.tax.summary 是最终的物种种类检测结果，如图 6.19 所示。该文件以系统发育树的形式展现，0 表示最底层划分，1～7 分别表示界、门、纲、目、科、属、种。结果中的物种类型就是样本中所包含的物种类型。命令如下：

```
mothur >classify.otu(taxonomy=/opt/mothur/ceshi/readx.refTax.wang.taxonomy,list=/opt/mothur/ceshi/readx.phylip.fn.list)
```

从图 6.19 的检测结果可以看到，Mothur 从样本中检测出 7 个物种，分别为 Pluralibacter_gergoviae、Shigella_sonnei、Enterobacteriaceae_unclassified、Klebsiella_granulomatis、Gammaproteobacteria_unclassified、Haemophilus_aegyptius、Vibrio_mimicus。在该物种检测

的结果文件中，数字 0～6 表示等级为 7 的物种的祖先物种，等级为 k 的物种是等级为 k+1 物种的直接先序祖先(0≤k≤6)。

```
打开(O) ▾  ⊞
taxlevel        rankID  taxon   daughterlevels  total
0       0       Root    1       91
1       0.1     Bacteria        1       91
2       0.1.1   Proteobacteria  1       91
3       0.1.1.1 Gammaproteobacteria     5       91
4       0.1.1.1.1       Enterobacterales        1       15
5       0.1.1.1.1.1     Enterobacteriaceae      2       15
6       0.1.1.1.1.1.1   Pluralibacter   1       13
7       0.1.1.1.1.1.1.1 Pluralibacter_gergoviae 0       13
6       0.1.1.1.1.1.2   Shigella        1       2
7       0.1.1.1.1.1.2.1 Shigella_sonnei 0       2
4       0.1.1.1.2       Enterobacteriales       1       10
5       0.1.1.1.2.1     Enterobacteriaceae      2       10
6       0.1.1.1.2.1.1   Enterobacteriaceae_unclassified 1       2
7       0.1.1.1.2.1.1.1 Enterobacteriaceae_unclassified 0       2
6       0.1.1.1.2.1.2   Klebsiella      1       8
7       0.1.1.1.2.1.2.1 Klebsiella_granulomatis 0       8
4       0.1.1.1.3       Gammaproteobacteria_unclassified        1       15
5       0.1.1.1.3.1     Gammaproteobacteria_unclassified        1       15
6       0.1.1.1.3.1.1   Gammaproteobacteria_unclassified        1       15
7       0.1.1.1.3.1.1.1 Gammaproteobacteria_unclassified        0       15
4       0.1.1.1.4       Pasteurellales  1       26
5       0.1.1.1.4.1     Pasteurellaceae 1       26
6       0.1.1.1.4.1.1   Haemophilus     1       26
7       0.1.1.1.4.1.1.1 Haemophilus_aegyptius   0       26
4       0.1.1.1.5       Vibrionales     1       25
5       0.1.1.1.5.1     Vibrionaceae    1       25
6       0.1.1.1.5.1.1   Vibrio  1       25
7       0.1.1.1.5.1.1.1 Vibrio_mimicus  0       25
```

图 6.19　物种类型的检测结果

本章习题

1．微生物组学是近年来一个新的研究领域，微生物组学研究的首要任务是识别出复杂样本中物种的成分与含量。在微生物组学方面，常用的数据库有哪些？它们包含哪些数据，具有什么特点？试一一列举出来。

2．什么是 16S？它和 5S、23S 是怎么区分的？为什么 16S 是细菌系统分类研究中最有用且最常用的分子钟？

3．研究微生物组学的理论意义、生物意义和应用价值分别是什么？

4．基于高通量测序数据的微生物成分及浓度检测方法研究面临着很多难点与挑战，具体表现在哪几个方面？详细说明每个方面所面临的具体挑战。

5. 16S 的大小适中，长度约为 1500 bp，其种类少、含量大(约占细菌 RNA 含量的 80%)。16S 序列包含 10 个高度保守区和 9 个可变区(HVR)。HVR 的实质是什么？可以怎样提取 HVR？HVR 对于 16S 而言有哪些重要性？详细说明。

6. 样本在实际测序过程中往往会受到各种复杂环境的污染，比如人体细胞、未知物种或者来自其他样本组织的细胞液。16S 物种序列的相似性极高，同种之间的物种序列仅相差几个碱基，可将同属或同种的物种视为亲戚。在比对过程中，测序读段很有可能匹配到这些亲戚物种序列上。将一条测序读段比对到多条物种序列的现象称为多比对。在多比对的前提下，gap 和多峰是如何出现的？

7. 在微生物组学研究中，比对状态是衡量复杂样本中物种存在的重要信息。那么，什么形式的比对状态才能够合理地表征物种存在于样本中？说出常见的 3 种比对状态以及对应的特点，并画出相应的示意图。

8. 在高通量测序技术中，很难避免测序仪产生的测序错误干扰。由于同属或同种间的 16S 序列仅相差几个碱基，故在一定程度上可以认为，对复杂样本中物种成分的识别就是在这几个碱基之间做出类型判断。测序样本比对到物种库的过程就是将读段分配到与其最相似的 16S 序列的过程，通常用什么方式来描述一个读段比对到 16S 序列的结果的可信度？详细说明。

9. 微生物组学是生命科学与生物技术研究领域的重大突破之一，在医疗健康、农业、生态环境和工业制造等方面具有广阔的应用前景，其研究的首要任务是检测出复杂样本中的物种成分并确定各个物种的含量，那么样本中物种成分鉴定与浓度估计的 4 个基本步骤分别是什么？每一步具体怎么做？试详细说明。

10. 如何安装与使用仿真工具 ART？设计仿真样本时需要考虑哪些因素？生成仿真样本的具体步骤有哪些？在你的计算机上安装 ART 并根据本章的指导生成一组仿真样本。

11. 如何安装 Kallisto？Kallisto 对测序样本可以做哪些处理？其使用步骤有哪些？每一步的命令分别是什么？处理结果是什么形式的？每一项的含义分别是什么？在你的计算机上安装 Kallisto，并用它对第 10 题生成的仿真样本进行处理。

12. 如何安装 Karp？Karp 对测序样本可以做哪些处理？其使用步骤有哪些？每一步的命令分别是什么？处理结果是什么形式的？每一项的含义分别是什么？在你的计算机上安装 Karp，并用它对第 10 题生成的仿真样本进行处理。

13. 如何安装 Harp？Harp 对测序样本可以做哪些处理？其使用步骤有哪些？每一步的命令分别是什么？处理结果是什么形式的？每一项的含义分别是什么？在你的计算机上安装 Harp，并用它对第 10 题生成的仿真样本进行处理。

14．对于不同的工具，需要对它们的性能进行定量评估。对于仿真样本，由于已知样本中物种的成分与浓度，所以使用 F_1 分数和 RRMSE 分别作为评估 16S 成分检测准确性与浓度估计偏差的指标。它们的计算公式分别是什么？公式中各分量分别是什么含义？

15．在真实样本上，对浓度估计的评估暂无统一的指标，这是因为在现有技术的基础上，临床样本中的浓度仅仅依靠生物手段获取，且它们以摩尔浓度为单位描述。当使用生物技术检测临床样本中的成分与浓度时，无须再使用数学指标来衡量检测结果，而是将检测结果视为最终标准。面对这种困难，你有什么好的想法？试详细说明。

参 考 文 献

[1] DAVENPORT E R, ORNA M M, KATELYN M, et al. Seasonal variation in human gut microbiome composition[J]. Plos One, 2014, 9(3): e90731.

[2] WU G D, CHEN J, HOFFMANN C, et al. Linking long-term dietary patterns with gut microbial enterotypes[J]. Science, 2011(334): 105–108.

[3] TURNBAUGH PJ, HAMADY M, YATSUNENKO T, et al. A core gut microbiomein obese and lean twins[J]. Nature, 2009(457): 480–484.

[4] METCALF JL, XU ZZ, WEISS S , et al. Microbial community Assembly and Metabolic Function during mammalian corpse decomposition[J]. Science, 2016(351): 158–162.

[5] GODON J J , ARULAZHAGAN P , STEYER J P , et al. Vertebrate bacterial gut diversity: size also matters[J]. BMC Ecology, 2016, 16(12): 1-9.

[6] CLEARY B , BRITO I L , HUANG K , et al. Detection of low-abundance bacterial strains in metagenomic datasets by eigengenome partitioning[J]. Nature Biotechnology, 2015(33): 1053–1060.

[7] HOWE AC, JANSSON JK, MALFATTI SA, et al. Correction for Howe et al. Tackling soil diversity with the assembly of large, complex metagenomes[J]. Proceedings of the National Academy of Sciences, 2014, 111(16): 6115-6115.

[8] BOISVERT S, RAYMOND F, GODZARIDIS E, et al. Ray Meta: scalable de novo metagenomeassembly and profiling[J]. Genome Biol., 2012, 13(12): R122.

[9] SCHOLZ M, WARD D V, PASOLLI E, et al. Strain-level microbial epidemiology and population genomics from shotgun metagenomics[J]. Nature Methods, 2016(13): 435–438.

[10] EDGAR R C. UPARSE: highly accurate OTU sequences from microbial amplicon reads[J]. Nature Methods, 2013, 10(10): 996-998.

[11] REPPELL M, NOVEMBRE J, MCHARDY A C.Using pseudoalignment and base quality to accurately quantify microbial community composition[J]. PLoS computational biology, 2018, 14(4).

[12] LISA J M, ALAN J B. Short EMBOSS User Guide. European Molecular Biology Open Software Suite[J]. Briefings in Bioinformatics, 2002, 3(1): 92.

[13] YUAN X , BAI J , ZHANG J , et al. CONDEL: detecting copy number variation and genotyping deletion zygosity from single tumor samples using sequence data[J].

IEEE/ACM transactions on computational biology & bioinformatics, 2018: 1.

[14] DARREN K, TURNER T L, JOHN N. Maximum Likelihood Estimation of Frequencies of Known Haplotypes from Pooled Sequence Data[J]. Molecular Biology & Evolution, 2014(5): 1145–1158.

[15] HENG L,RICHARD D. Fast and accurate short read alignment with Burrows-Wheeler transform[J]. Bioinformatics, 2009(14): 14.

[16] Babraham Institute.FastQC 工具[Z/OL]. (2004) [2020-06-06]. http://www.bioinformatics.babraham.ac.uk/projects/fastqc/.

[17] The USADEL Lab. Trimmomatic 工具[Z/OL]. (2014-08-01) [2020-06-13]. http://www.usadellab.org/cms/?page=trimmomatic.

[18] MULLAN L J, BLEASBY A J. Short EMBOSS user guide. european molecular biology open software suite[J]. Briefings in Bioinformatics, 2002, 3(1): 92.

[19] National Institute of Environmental Health Sciences.ART 工具[Z/OL]. (2012-02-15) [2020-06-10]. https://www.niehs.nih.gov/research/resources/software/biostatistics/art/.

[20] 王诗翔. 从 EGA 下载数据[Z/OL]. (2019-02-15)[2020-06-02]. https://www.jianshu.com/p/cd68713aa19a.

[21] PriscillaBai.从官网上下载 TCGA 数据[Z/OL]. (2019-05-21) [2020-06-02]. https://www.jianshu.com/p/406bcb11411c.

[22] KROLL K W , MOKARAM N E , PELLETIER A R , et al. Quality Control for RNA-Seq (QuaCRS): An Integrated Quality Control Pipeline[J]. CancerInformatics, 2014: 7–14.

[23] BlueWing2000.[samtools]merge 命令简介[Z/OL].(2016-11-20) [2020-06-16]. https://blog.csdn.net/u013553061/article/details/53241692.

[24] BOLGER AM., LOHSE M., USADEL B. Trimmomatic: a flexible trimmer for Illumina sequence data[J]. Bioinformatics (Oxford, England), 2014.

[25] HENG L , RICHARD D . Fast and accurate short read alignment with Burrows–Wheeler transform[J]. Bioinformatics 2009, 25(14): 1754–1760.

[26] 高岩. 面向长基因组序列片段的快速比对算法研究[D]. 哈尔滨：哈尔滨工业大学，2014.

[27] HOUTGAST E J, SIMA V M, BERTELS K, et al. Hardware Acceleration of BWA-MEM Genomic Short Read Mapping for Longer Read Lengths[J]. Computational Biology & Chemistry, 2018, 8(75): 54–64..

[28] RAMIREZ-GONZALEZR H, BONNAL R, CACCAMO M,et al. Bio-samtools: Ruby bindings for SAMtools, a library for accessing BAM files containing high-throughput

sequence alignments[J]. Source Code for Biology and Medicine, 2012, 7(16): 1754-1760.

[29] BlueWing2000.[samtools]view 命令简介[Z/OL]. (2016-11-11) [2020-06-16]. https://blog.csdn.net/u013553061/article/details/53133007.

[30] BlueWing2000. [samtools]sort 命令简介[Z/OL]. (2016-11-15) [2020-06-16]. https://blog.csdn.net/u013553061/article/details/53179945.

[31] SANGER, F, NICKLEN, S, COULSON, A. R. DNA sequencing with chain-terminating inhibitors[J]. Proceedings of the National Academy of ences, 1978, 74(12): 5463-5467.

[32] MAXAM A M. A new method for sequencing DNA[J]. Biotechnology, 1992, 24(24): 99-103.

[33] SHENDURE J , JI H . Next-generation DNA sequencing[J]. Nature Biotechnology, 2008, 26(10): 1135-1145.

[34] NIEDRINGHAUS T P, MILANOVA D, KERBY M B, et al. Landscape of next-generation sequencing technologies[J]. Analytical Chemistry, 2011, 83(12): 4327-4341.

[35] ANSORGE W J. Next-generation DNA sequencing techniques[J]. New biotechnol, 2009, 25(4): 195-203.

[36] ROTHBERG J M, HINZ W, REARICK T M, et al. An integrated semiconductor device enabling non-optical genome sequencing[J]. Nature, 2011, 475(7356): 348-352.

[37] AGNIESZKA Z,ANNA S C,PIOTR K, et al. Arabidopsis thaliana population analysis reveals high plasticity of the genomic region spanning MSH2, AT3G18530 and AT3G18535 genes and provides evidence for NAHR-driven recurrent CNV events occurring in this location.[J]. BMC Genomics,2016,17(1).

[38] DELATOLA E I, LEBARBIER E, MARY-HUARD T, et al. SegCorr a statistical procedure for the detection of genomic regions of correlated expression[J]. Bmc Bioinformatics, 2017, 18(1): 333.

[39] CAMPBELL P J. Identification of somatically acquired rearrangements in cancer using genome-wide massively parallel paired-end sequencing[J]. Nature genetics，2008, 40(6): 722–729.

[40] KeepLearningBigData. 基因数据处理 47 之 ART 基因序列数据生成器(仿真)[Z/OL]. (2016-06-02) [2020-06-16]. https://blog.csdn.net/xubo245/article/details/51570993.

[41] Gloria.学术前沿|NGS 方法进行拷贝数变异检测概述[Z/OL]. (2017-11-29) [2020-06-16]. https://zhuanlan.zhihu.com/p/31529899.

[42] wangprince2017.DNA 拷贝数变异 CNV 检测：基础概念篇[Z/OL]. (2018-10-16) [2020-06-16]. https://www.cnblogs.com/wangprince2017/p/9796293.html.

[43] 庐州月光.Seqtk 的安装和使用[Z/OL]. (2017-02-17) [2020-06-18]. https://www.cnblogs.com/xudongliang/p/6409534.html.

[44] XIGUO Y*, JUNPING L, JUN B, AND JIANING X. A local outlier factor-based detection of copy number variations from NGS data[J]. IEEE/ACM Transactions on Computational Biology and Bioinformatics, 2019: 1-11.

[45] JANSSONS, MEYER-GAUEN G, CERFF R, et al. Nucleotide distribution in gymnosperm nuclear sequences suggests a model for GC-content change in land-plant nuclear genomes[J]. Journal of Molecular Evolution, 1994, 39(1): 34-46.

[46] 胡彩平，秦小麟. 一种基于密度的局部离群点检测算法 DLOF[J]. 计算机研究与发展, 2010, 47(12): 2110-2116.

[47] XIGUO Y, JIAAO Y, JIANING X, et al. CNV_IFTV: an isolation forest and total variation-based detection of CNVs from shortread sequencing data[J]. IEEE/ACM Transactions on Computational Biology and Bioinformatics, 2019(99): 1.

[48] DESHANF, XUANS, XUN W, et al. A modified total variation regularization approach based on the Gauss-Newton algorithm and split Bregman iteration for magnetotelluric inversion[J]. Journal of Applied Geophysics, 2020(178): 104073.

[49] JONES S, ZHANG X, PARSONS D W, et al. Core Signaling Pathways in Human Pancreatic Cancers Revealed by Global Genomic Analyses[J]. Science, 2008, 321(5897): 1801-1806.

[50] LI H, HANDSAKER B, WYSOKER A, et al. The Sequence Alignment/Map format and SAMtools[J]. Bioinformatics, 2009, 25(16): 2078-2079.

[51] DEPRISTO M A, BANKS E, POPLIN R, et al. A framework for variation discovery and genotyping using next-generation DNA sequencing data.[J]. Nature Genetics, 2011, 43(5): 491-498.

[52] SHERRY S T, WARD M H, KHOLODOV M, et al. dbSNP: the NCBI database of genetic variation.[J]. Nucleic Acids Research, 2001, 29(1): 308.

[53] 黄树嘉. 一篇文章说清楚基因组结构性变异检测的方法[Z/OL]. (2018-07-23) [2020-06-18]. https://www.jianshu.com/p/4c8e109f0e6a.

[54] KOBOLDT D C, ZHANG Q, LARSON D E, et al. VarScan 2: Somatic mutation and copy number alteration discovery in cancer by exome sequencing[J]. Genome Research, 2012, 22(3): 568-576.

[55] EWING B, HILLIER L D, WENDL M C, et al. Base-calling of automated sequencer traces using phred. I. Accuracy Assessment[J]. Genome Research, 1998, 8(3): 186-194.

[56] LARSON D E, HARRIS C C, CHEN K, et al. SomaticSniper: identification of somatic point mutations in whole genome sequencing data[J]. Bioinformatics, 2012, 28(3): 311-317.

[57] WANG W, WANG P, XU F, et al. FaSD-somatic: a fast and accurate somatic SNV detection algorithm for cancer genome sequencing data[J]. Bioinformatics, 2014, 30(17): 2498.

[58] GOYA R, SUN M G F, MORIN R D, et al. SNVMix: predicting single nucleotide variants from next-generation sequencing of tumors[J]. Bioinformatics, 2010, 26(6): 730.

[59] PLEASANCE E D, CHEETHAM R K, STEPHENS P J, et al. A comprehensive catalogue of somatic mutations from a human cancer genome[J]. Nature, 2010, 463(7278): 191-196.

[60] HUA X, XU H, YANG Y, et al. DrGaP: a powerful tool for identifying driver genes and pathways in cancer sequencing studies[J]. American Journal of Human Genetics, 2013, 93(3): 439-451.

[61] FORBES S A, BINDAL N, BAMFORD S, et al. COSMIC: mining complete cancer genomes in the Catalogue of Somatic Mutations in Cancer[J]. Nucleic Acids Research, 2011(39): 945-950.

[62] SWANTON C. Intratumor Heterogeneity: Evolution through Space and Time[J]. Cancer Research, 2012, 72(19): 4875-4882.

[63] GERLINGER M, ROWAN A J, Horswell S, et al. Intratumor Heterogeneity and Branched Evolution Revealed by Multiregion Sequencing[J]. New England Journal of Medicine, 2012, 366(10): 883-892.

[64] SHAH S P, MORIN R D, KHATTRA J, et al. Mutational evolution in a lobular breast tumour profiled at single nucleotide resolution[J]. Nature, 2009, 461(7265): 809.

[65] 百度百科.生物大数据[Z/OL]. (2019-08-17) [2020-06-18]. https://baike.baidu.com/item/%E7%94%9F%E7%89%A9%E5%A4%A7%E6%95%B0%E6%8D%AE/15689146?fr=aladdin.

[66] STUART M.B，吴佳妍，肖景发，et al.第二代测序信息处理[M]. 北京：科学出版社，2014.

[67] 黄树嘉.从零开始完整学习全基因组测序(WGS)数据分析：第 1 节 DNA 测序技术[Z/OL]. (2017-08-04) [2020-06-18]. https://www.jianshu.com/p/6122cecec54a.

[68] 田李，张颖，赵云峰. 新一代测序技术的发展和应用[J]. 生物技术通报，2015(11): 1-8.

[69] ES L, LM L, BIRREN B, et al. Initial sequencing and analysis of the human genome[J]. Nature, 2001, 409(6822): 860.

[70] GONZALEZ-GARAY, MANUEL L. The road from next-generation sequencing to personalized medicine[J]. Personalized Medicine, 2014, 11(5): 523-544.

[71] GUAN P, SUNG W K. Structural Variation Detection Using Next-Generation Sequencing Data: A Comparative Technical Review[J]. Methods, 2016: S1046202316300184.

[72] 黄勇. 基于高通量测序的微生物基因组学研究[D]. 北京：中国人民解放军军事医学科学院，2013.

[73] XIGUO Y, JUNPING L, JUN B, et al. A local outlier factor-based detection of copy number variations from NGS data[J]. IEEE/ACM transactions on computational biology and bioinformatics,2019.

[74] CAI H, CHEN P, CHEN J, et al. WaveDec: A wavelet approach to identify both shared and individual patterns of copy-number variations[J]. IEEE Transactions on Biomedical Engineering, 2018, 65(2): 353-364.

[75] JING S, ZHUANG M,DUNWEI G, et al. Interval multiobjective optimization with memetic algorithms[J]. IEEE transactions on cybernetics, 2019(99): 1-14.

[76] KAI Y, SCHULZ M H, QUAN L, et al. Pindel: a pattern growth approach to detect break points of large deletions and medium sized insertions from paired-end short reads[J]. Bioinformatics 2009, 25(21): 2865-2871.